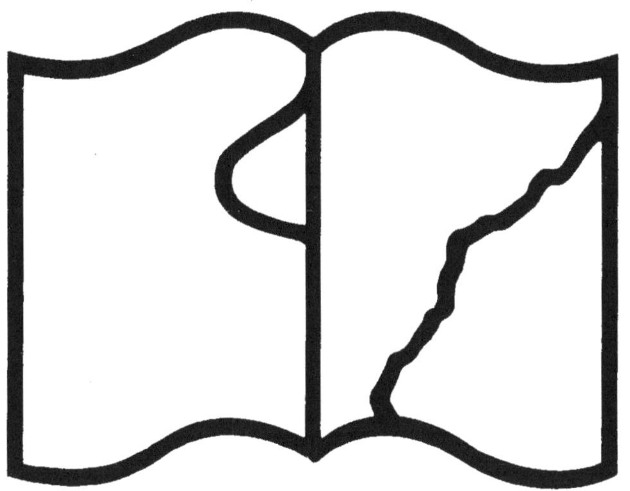

Texte détérioré — reliure défectueuse

NF Z 43-120-11

L'USAGE

DES

ASTROLABES,

Tant Univerfels que Particuliers.

Accompagné d'un Traité, qui en explique la Conftruction par des Manieres fimples & faciles, avec les Figures neceffaires pour l'intelligence de ce Traité.

Par le Sieur BION, Ingenieur pour les Inftrumens de Mathematique, fur le Quay de l'Orloge au Soleil d'Or, où l'on trouve des Aftrolabes montez & en feüille.

A PARIS,

Chez

LAURENT D'HOURY, ruë & proche S. Severin, vis à vis la ruë Zacharie, au S. Efprit.

JEAN BOUDOT, Imprimeur du Roy & de l'Academie Royale des Sciences, ruë S. Jacques, au Soleil d'Or.

M D CCII.

AVEC PRIVILEGE DU ROY.

SOLI DEO HONOR ET GLORIA
In Hoc Signo Vinces
EX LIBRIS R.P.
GEOGRAPHI
PLACIDIA
REGIS
S.ta HELENA AUG. DISC. GAL.
Sufficientia
ex Deo
Via Coeli et Terræ
N. Guerard In.

PREFACE.

Y A N T donné au Public, il y a environ deux ans, un Traité des Ufages des Globes Celeste & Terreftre, & de la Sphere du Monde, expliquée fuivant les differens Syftemes, lequel a efté affez favorablement receu ; j'avois formé dés ce temps-là le deffein de tracer, & faire graver des Planches d'Aftrolabes, felon les differentes projections de la Sphere les plus en ufage, & de les accompagner d'un Traité qui pût expliquer la maniere de les conftruire, & de s'en fervir utilement.

Quant à la conftruction, comme il eft neceffaire d'y apporter une grande exactitude, afin d'en rendre les Ufages & les Operations plus juftes ; j'ay confulté un de mes amis, avec qui j'ay travaillé à la Composition de ce petit Traité ; entre toutes les differentes Methodes nous en avons choisi deux des plus faciles pour tracer chaque Planche, dont l'une qui se fait par les Nombres, correspondans aux Cordes, aux Sinus, Tangentes & Secantes des Arcs, peut servir à verifier l'autre Methode qui se fait par d'autres moyens. J'ay tracé & fait graver plusieurs Planches, lesquelles quoy que petites, sont neanmoins assez nettes pour expliquer ces Methodes, & servir de Modeles pour en tracer de plus grandes.

Quant aux Usages, nous avons choisi ceux qui nous ont paru les plus beaux & les plus utiles, & qui peuvent estre entendus par tous ceux qui ont une passable connoissance de la Sphere, laquelle doit necessairement preceder celle de l'Astrolabe : Nous n'avons pas cependant jugé à propos d'en repeter icy les definitions, les ayant suffisament expliquées dans le Traité des Usages de la Sphere, dont la seconde Edition est presentement sous la Presse, avec quelques augmentations qui feront plaisir aux Lecteurs.

Nous avons divisé ce petit Traité en cinq Chapitres; Dans le premier, nous expliquons la maniere de construire les Planches de quatre sortes d'Astrolabes; sçavoir celuy de Gemma Frison, celuy de Rojas, celuy de Monsieur de la Hire, & celuy de Ptolomée.

Le second Chapitre explique les Usages de l'Astrolabe universel de Gemma Frison, & de celuy de Monsieur de la Hire. Le troisiéme Chapitre est pour les Usages de l'Astrolabe universel de Rojas. Le quatriéme traite des Usages de l'Astrolabe Equinoxial de Ptolomée. Enfin nous expliquons dans le cinquiéme Chapitre les Usages du Quarré & du Treillis Geometrique qui sont au dos de l'Astrolabe.

Pour mettre ces Usages en pratique, il est necessaire d'avoir des Planches exactement tracées, &

de grandeur convenable ; J'avois commencé à en tracer quelques-unes ; mais comme il m'en est tombé entre les mains un assez bon assortiment de neuf à dix pouces de diametre, je les ay corrigées & reformées pour les faire servir au temps present : je me suis servi des Tables d'Ascensions droites, & Declinaisons de Monsieur de la Hire, pour marquer sur l'Araignée le lieu des Etoiles fixes le plus exacte-ment qu'il m'a esté possible pour la premiere année de ce Siecle ; & comme leur mouvement propre est fort lent, on pourra s'en servir long-temps sans erreur sensible.

Cet Astrolabe est composé de onze Planches, dont l'une est l'As-trolabe de Gemma Frison, l'autre est celuy de Rojas, que j'ay tracé & fait graver aussi-bien que celuy de Mr. de la Hire ; il y a de plus l'A-raignée que j'ay reformée, comme aussi 5 Planches d'Astrolabes parti-culiers Equinoxiaux pour 42, 45, 48, 51, & 54 degrez de latitude, avec une Planche des Maisons Ce-

leftes , divisée de deux en deux degrez pour quarante-huit degrez de
latitude ; & enfin la Planche du
dos. Mais comme un degré de latitude plus ou moins peut caufer
fort peu de difference dans les Ufages , la Planche de 42 degrez de
latitude pourra fervir auffi pour 41
& 43 : Celle de 45 pourra fervir
pour 44 & 46 ; celle de 48 degrez fervira pour 47 & 49 ; celle
de 51 degrez fera auffi pour 50 &
52 ; enfin celle de 54 degrez pourra fervir pour 53 & 55 , de forte que
ces 5 Planches particulieres pour-
ront fervir depuis 41 jufqu'à 55 degrez de latitude.

Quant à l'utilité de cet Inftrument , on peut dire avec raifon ,
qu'il eft le plus accompli , & le plus
ingenieufement inventé de tous les
Inftrumens de Mathematique ; fes
principaux Ufages fe rapportent
à l'Aftronomie, à la Geographie
& à la Navigation , qui par leur
excellence & leur utilité tiennent
le premier rang entre les Sciences
humaines ; il peut fervir de Sphere,

de Globe, & même de demy-Cercle, puiſque les plus beaux Uſages de ces Inſtrumens ſe font par l'Aſtrolabe, & ſouvent même plus commodement, à cauſe qu'il eſt plus propre à tranſporter & à conſerver en ſon entier dans les longs voyages de Terre & de Mer; & que par le moyen de ſon Alidade garny de Pinules, on peut s'en ſervir à faire les Obſervations Aſtronomiques & Geometriques, comme on verra par la lecture de ce Traité.

TRAITÉ

APPROBATION

de Monsieur DE LA HIRE
Lecteur & Professeur Royal
en Mathematique, & de
l'Academie Royale des
Sciences.

J'AY lû par l'Ordre de Monseigneur le Chancelier le Livre
intitulé, l'Usage des Astrolabes, &c.
& n'y ay rien remarqué qui puisse
empêcher qu'il ne soit donné au
Public. Fait à Paris, à l'Observatoire Royal, ce sixiéme Fevrier
mil sept cens deux.

Signé, DE LA HIRE.

TABLE DES CHAPITRES,
& Sections, contenus dans ce Volume.

EXTRAIT DU PRIVILEGE
du Roy.

PAr Privilege du Roy donné à Versailles le neuf Janvier 1699. Signé, MARCADE', & scellé du grand Sceau de cire jaune, il est permis au Sieur NICOLAS BION, Ingenieur & Fabricateur d'Instrumens pour les Mathématiques, de faire graver des Planches propres à monter des Spheres & Globes, tant celestes que terrestres de differentes grosseurs, comme aussi de faire imprimer, vendre & debiter en tous les lieux de nôtre Royaume, un Livre intitulé, *L'Usage des Globes celestes & terrestres & des Spheres, suivant les differens Systemes du Monde, précedé d'un Traité de Cosmographie, où est expliqué avec ordre tout ce qu'il y a de plus curieux dans la description de l'Univers, suivant les Memoires & Observations des plus habiles Astronomes & Geographes;* comme aussi les Usages de quelques autres Instrumens de Mathematique, & ce pendant le tems de douze années ; avec défenses à tous Graveurs, Imprimeurs, Libraires & autres, de graver & imprimer lesdites Planches & Livres sans le consentement de l'Exposant, à peine de confiscation des exemplaires contrefaits, & de quinze cens livres d'amende, payable par chacun des Contrevenans, & de tous dépens, dommages & interests dudit Exposant ; ainsi qu'il est plus au long porté par lesdites Lettres de Privilege.

Registré sur le Livre de la Communauté des Imprimeurs & Libraires de Paris, le 26 Janvier 1699.
Signé, C. BALLARD, *Syndic.*

Achevé d'imprimer le 12 Janvier 1702.

TRAITÉ D'ASTROLABE.

L'ASTROLABE ou Planisphere est un Instrument qui represente sur un plan les principaux Cercles de la Sphere: Il est tres-utile & tres-commode pour representer & observer les mouvemens des Astres. Il faut s'imaginer que ce Plan reçoit les rayons conduits de differens points du Ciel jusqu'à l'œil, & que leur commune Section fait cette sorte de peinture.

On choisit pour l'ordinaire le Plan de quelque Cercle, comme du Meridien, de l'Equateur, de l'Ecliptique ou de l'Horison, & l'œil est supposé au Pole du Cer-

A

cle que l'on à choisi , ou en quelque point de son Axe prolongé
tant que l'on veut.

C'est pourquoy il s'en peut faire
de plusieurs façons selon les differentes positions de la Sphere que
l'on veut representer.

On en fait d'universels pour toutes les élevations de Pole , comme
aussi de particuliers pour chaque
élevation de Pole.

Nous commencerons par la construction de trois sortes d'Astrolabes universels , sçavoir celuy de
Ptolomée ou de Gemma Frison, celuy de Rojas & celuy de Monsieur
de la Hire , ensuite nous parlerons
des Astrolabes particuliers , aprés
quoy nous expliquerons la maniere
de s'en servir.

CHAPITRE PREMIER.

De la construction des Astrolabes.

SECTION PREMIERE.

De l'Astrolabe universel de Ptolomée, ou de Gemma Frison.

LA Planche de cet Astrolabe represente le Meridien & le Colure des Solstices joints ensemble, & ne faisant qu'un même Plan, ce qui arrive deux fois le jour ; car pendant chaque revolution journaliere de tout le Ciel, le Colure des Solstices ayant les mêmes Poles que le Meridien qui est un Cercle immobile, se doit necessairement rencontrer deux fois dans le Plan du Meridien.

L'œil qui voit la projection ou la commune Section des Cercles de la Sphere sur ce Plan, est supposé au point du vray Orient ou Occident , c'est-à-dire au point où l'Equateur & l'Ecliptique rencontrent l'Horison , & par consequent l'œil est éloigné du Plan de tout le demy-Diametre de la Sphere.

Les Cercles de la Sphere sont representez sur ce Plan , les uns par des lignes droites , les autres par des circonferences.

Les Cercles de la Sphere qui y sont representez par des lignes droites sont l'Equateur, l'Ecliptique, le Colure des Equinoxes , & le Cercle horaire de 6. heures.

Entre ceux qui sont representez par des Circonferences , il y en a qui s'entrecoupent aux 2 Poles du monde, & sont appellez Meridiens, ou Cercles horaires, les autres sont décrits autour des Poles , & sont appellez Paralleles.

Mais lorsque pour certains usages les deux Poles sont pris pour ceux du Zodiaque, les Meridiens deviennent Cercles de longitude, & les Paralleles Cercles de latitude.

Si enfin ces deux Poles sont pris

pour ceux de l'Horifon, qui font le Zenit & le Nadir, les Meridiens font confiderez comme Azimuts, & les Paralleles comme Almukantarats, & par ces changemens cet Inftrument a quantité d'ufages tant pour l'Aftronomie, que pour la Geographie.

Ces mêmes changemens conviennent auffi à l'Aftrolabe de Rojas, & à celuy de Monfieur de la Hire.

Maniere de tracer les Meridiens & les Paralleles fur cet Aftrolabe.

ON décrit premierement du Centre A dudit Planifphere, (Planche premiere) la Circonference B D C E, qui renfermant tous les autres Meridiens, fe peut appeller Meridien Exterieur ; enfuite on tire le Diametre B C, qui reprefente la commune Section d'un autre Meridien qui coupe à Angles droits le Plan du Meridien Exterieur ; les extremitez de ce Diametre où fe doivent entrecou

per tous les Meridiens representent les deux Poles du Monde B. &
C. On tire encore un autre Diametre E D , coupant le premier à
Angles droits , qui represente l'E-
quateur, ou le plus grand de tous
les Paralleles.

Ces deux Diametres partagent
toute la circonference du Meridien
exterieur en 4. parties égales , dont
chacune doit estre divisée en 90
degrez pour y tracer les Meridiens
& Paralleles de degré en degré , si
l'Instrument est assez grand , sinon
on les trace de deux en deux , de
trois en trois , de cinq en cinq , ou
au moins de dix en dix degrez par
la Methode suivante.

La Circonference estant ainsi divisée on y appliquera une Regle,
l'arrétant par un de ses bouts à l'un
ou l'autre Pole comme par exemple
à celui marqué B, & conduisant l'autre bout de degré en degré sur la
demie Circonference opposée , on
fera autant de marques sur le Diametre D E , que l'on voudra y tracer de Meridiens.

Un des 4 demy-Diametres étant exactement divisé, pourra servir à diviser de même les trois autres, transportant du Centre A sur chacun d'eux pareilles distances à celles marquées sur le premier pour y faire passer les Meridiens & Paralleles.

Ce qu'étant fait on tracera les Meridiens par des Arcs de Cercles qui passeront par les Poles B & C, & par chacune des Marques faites sur le Diametre D E. Les Centres de ces Arcs se trouveront sur la droite D E, prolongée de part & d'autre autant qu'il en sera besoin.

Pour determiner precisément le lieu de chacun de ces Centres, on tracera du Pole C un quart de Cercle C A F grand à volonté, on le divisera en autant de parties égales que l'on veut avoir de Meridiens, c'est-à-dire que si on veut les tracer de 5 en 5 degrez, ou de dix en dix, on divisera de même ledit quart de Cercle, puis mettant une Regle au point C, & sur chacune des divisions du quart de Cercle, elle coupera la ligne D E en des points qui seront les Centres des Meridiens que l'on veut décrire.

La moitié de ces Centres, comme sont icy ceux marquez 1. 2. 3. 4. se rencontrent entre le Centre A & la Circonference du Meridien Exterieur aux mêmes points des divisions qui ont esté marquées sur la ligne D E, par la precedente Operation, en omettant alternativement de deux points un : c'est-pourquoy il n'est pas necessaire de les rechercher autrement ; mais seulement l'autre moitié de ces Centres qui se rencontrent hors de la Circonference dudit Meridien sur le Diametre D E prolongé de part & d'autre.

Ayant trouvé les Centres des Meridiens, il sera facile d'avoir ceux des Paralleles sur la ligne B C prolongée de part & d'autre : car chaque demy-Diametre des Meridiens est égal à la distance depuis le Centre A de l'Astrolabe jusqu'aux Centres des Paralleles cor-

respondans ; ainsi mettant une pointe du compas sur le Diametre D E
au point de division le plus proche
du demy-Meridien Exterieur B E C,
& l'autre sur le point I au delà du
Centre A, on décrira de cette ouverture & du point I comme Centre
le demy Meridien le plus proche
de B E C : portant ensuite la même ouverture de compas sur le
Diametre B C, sçavoir une pointe au Centre A, & l'autre vers le
Pole C, on marquera proche ledit
Pole un point qui sera le Centre du
Parallele le plus proche de ce Pole;
c'est pourquoy mettant une pointe
de compas sur ce Centre ainsi trouvé, & l'autre sur le point de division
du Meridien Exterieur marqué 80
on décrira de cette ouverture de
compas le 80e parallele, dont le demy-Diametre est égal à la distance
A I, marquée sur le demy-Diametre A D. Des autres points 2, 3, 4,
&c. comme Centres, on décrira les
autres Meridiens dont les Circonferences couperont le demy-Diametre A E aux Divisions marquées
A v

par les lignes ponctuées qui partent du Pole B. On décrira avec la même facilité les Parallele dont les Centres se trouveront sur le Diametre B C, prolongé au delà des Poles ; car par exemple le demy-Diametre du 70ᵉ Parallele est égal à la distance A 2, celuy du 60ᵉ est égal à la distance A 3, celuy du 50ᵉ à la distance A 4, & ainsi des autres. Voulant donc décrire le 70ᵉ Parallele, prenez la distance A 2, le compas ainsi ouvert, mettez une de ses pointes sur le 70ᵉ degré du Meridien Exterieur, & l'autre pointe sur le demy-Diametre A C, prolongé pour y marquer son Centre.

Ayant les Centres on tracera les Paralleles passans par les Divisions marquées sur la ligne B C, & par les degrez correspondans du Meridien Exterieur.

Comme les demy-Diametres des Meridiens transportez & mesurez du Centre A de l'Instrument sur la ligne B C prolongée y marquent les Centres des Paralleles, de même aussi les demy-Diametres des Paralleles mesurez depuis ledit Centre A sur la ligne D E, y marquent les Centres des Meridiens ; & comme de la même ouverture de compas on peut tracer deux Meridiens opposez, on peut aussi faire le même de deux Paralleles.

On peut encore tracer les Meridiens & les Paralleles par les Nombres de la Table suivante, contenant 4 colomnes calculées de 10 en 10 degrez en supposant le Rayon ou demy Diametre du Meridien Exterieur A D, ou A B de 1000 parties égales.

La premiere colomne contient les degrez depuis 10 jusqu'à 80 comptez depuis le centre A. La seconde colomne marque les Divisions des 4 demy-Diametres du Planisphere, depuis le centre A jusqu'aux points où doivent passer les Circonferences des Meridiens & des Paralleles. La troisiéme colomne marque la distance des Centres des Meridiens depuis le Centre A, & les demy-Diametres des Paralleles. La quatriéme & derniere co-

A vj

lomne marque la diſtance des Centres des Paralléles, depuis ledit Centre A, & les demy-Diametres des Meridiens.

DEGREZ. PARTIES EGALES.

10	.. 87	.. 5671	... 5758
20	.. 176	.. 2747	... 2923
30	... 268	... 1732	... 2000
40	... 364	... 1192	... 1556
50	.. 466	.. 839	... 1305
60	... 577	.. 577	... 1154
70	... 700	.. 364	... 1064
80	... 839	... 176	... 1015

POUR marquer l'Ecliptique ſur ce Planiſphere comptez ſur le Meridien Exterieur depuis le point D, 23 degrez & demy, par le point où finit ce nombre de degrez, & par le Centre A tirez un Diametre qui repreſentera l'Ecliptique.

SECTION II.

De l'Aftrolabe univerfel de Rojas & de fa conftruction.

CET Aftrolabe que l'on appelle auffi Analemme, eft la reprefentation des Orbes Celeftes faite fur le Plan du Colure des Solftices & du Meridien joints enfemble, & ne faifant qu'un même Plan. Cette projection fuppofe l'œil infiniment éloigné dans l'Axe de ce Plan, regardant tous les points de l'Hemifphere oppofé. Les Rayons qui partent de ces points luy paroiffent Paralléles entr'eux & à l'Axe, à caufe de leur diftance infinie ; les communes Sections de ces Perpendiculaires & des Rayons de l'œil, avec le Plan du Colure font l'Analemme.

La Sphere étant ainfi difpofée, c'eft-à-dire le colure des Solftices étant dans le Plan du Meridien, les communes Sections de l'Ecliptique & de l'Equateur font dans l'ho-

rison aux points du vray Orient &
Occident, qui sont les Poles du
Meridien.

Soit tracée une Circonference
de Cercle A C B D (Planche 2.)
representant le Meridien & le Colure des Solstices avec ses 2 Diametres A B, C D, se coupant à Angles droits au point E. Le Diametre
A B represente l'Axe du Monde,
comme aussi le Colure des Equinoxes, le Cercle horaire de 6 heures
& un Horison de la Sphere droite :
L'autre Diametre C D represente
l'Equateur, quelquefois l'Ecliptique, & d'autrefois l'Horison selon
les differens usages.

Ces deux Diametres divisent toute la circonference du Meridien en
4 parties qui se subdivisent chacune
en 90 degrez. Le Diametre C D, se
divise aussi en 180 degrez par le
moyen des lignes occultes ou ponctuées, qui étant tirées de chaque division correspondante des demy-
Cercles A C D, C B D, coupent
perpendiculairement ladite ligne
C D, & par leurs intersections la

divisent en degrez. Les Cercles horaires coupent cette ligne de 15 en
15 degrez, comme on les voit marquées dans le demy-Diametre C E.
Nous donnerons cy-aprés la maniere de les tracer.

Si on veut avoir les Cercles des
demy heures, il faut diviser le Diametre de l'Equateur de sept degrez
& demy en sept degrez & demy.

Tous les grands Cercles perpendiculaires au Plan du Meridien, ou
du Colure des Solstices, & qui par
consequent passent par leurs Poles,
se representent par des Diametres,
tels sont l'Horison, l'Equateur, l'E-
cliptique, le premier Vertical, le
Colure des Equinoxes, le Cercle
de 6 heures.

Tous les petits Cercles Paralleles à l'Horison, les Paralleles à l'E-
quateur & les Paralleles à l'Ecliptique s'y representent par des lignes
droites Paralleles. Les principaux
entre ces Cercles sont les Tropiques, & les Paralleles qui font les
commencemens de chaque Signe.
Il y en a 3 dont la declinaison est

Septentrionale, & 3 dont elle est Meridionale. Les premiers de ces Paralleles de chaque costé declinent de 11 degrez 30 minutes, les seconds de 20 d. 13. m. & les derniers qui sont les Tropiques declinent de 23 d. 30 m.

On tracera tant d'autres Paralleles diurnes qu'on voudra par le moyen d'une Table de la declinaison des degrez de l'Ecliptique. On peut tracer d'autres Paralleles au delà des Tropiques, representans les Cercles de declinaison des Etoiles fixes.

Ces Paralleles se prennent pour Almukantarats, lorsque le Diametre C D represente l'Horison, & pour Cercles de latitude des Astres lors que C D represente l'Ecliptique.

Il ne reste plus d'autre difficulté que celle de tracer les Cercles horaires, qui faisant des Angles obliques avec le Meridien passent par les divisions de l'Equateur C D, & par les Poles du Monde A & B: car en cet Astrolabe ce ne sont point des circonferences de Cercles, mais plutôt des Ellipses qui se peuvent tracer en la maniere suivante.

Si par exemple vous voulez décrire l'Ellipse representant le Cercle horaire de 9 heures du matin, & de 3 heures aprés Midy, dont le grand Diametre soit égal au Diametre A B du Cercle interieur de l'Astrolabe, & le petit Diametre égal à la ligne 3. 9. de la Planche deuxiéme, prenez un Compas fait exprés pour tracer les Ellipses, composé d'une Regle ou Verge quarrée de cuivre ou autre matiere, avec trois pointes mobiles, coulantes le long de ladite Regle, & que l'on peut arrester, ou rendre fixes par le moyen des vis qui sont jointes aux boëttes qui portent chaque pointe, comme il est icy representé en la planche troisiéme, Figure premiere. Arrestez les 3 pointes A B C, en sorte que la distance A C soit égale au grand demy-Diametre de l'Ellipse à décrire, & la distance B C égale à son petit demy-Diametre; Mettez ensuite une

Equerre au Centre de l'Aſtrolabe
où ces 2 Diametres s'entrecoupent,
& faites en ſorte qu'elle demeure
ferme ſur les 2 demy-Diametres
grand & petit, comme elle eſt re-
preſentée en ladite Figure, puis
diſpoſez le Compas, de maniere
que la pointe A coulant le long du
petit demy-Diametre, & la pointe
B le long du grand demy-Diametre,
la pointe C décrive par ſon mouvement un quart de ladite Ellipſe. On
fera de même pour tracer les 3 autres quarts en changeant de ſituation l'Equerre & le Compas, comme il eſt aiſé de voir par ladite
Figure.

Tous les autres Cercles horaires
de ce Planiſphere ſe peuvent tracer
de la même façon ſans changer les
pointes A & C du même Compas,
parce que ces Cercles s'entrecou-
pans aux 2 poles de l'Equateur, leurs
grands Diametres ſont tous égaux à
l'Axe du Monde, mais comme leurs
petits Diametres ſont inégaux, il
faut changer de place la pointe B,
pour décrire chacune de ces Ellip-

ſes , en ſorte que B C ſoit toûjours égale au petit demy-Diametre de l'Elliſe que l'on veut décrire.

Autre maniere de tracer ſur cet Aſtrolabe , la repreſentation des Cercles horaires.

LE demy Diametre de l'Equateur étant diviſé de 15 en 15 degrez pour les heures , ou de $7\frac{1}{2}$ en $7\frac{1}{2}$ pour les demies-heures , on pourra diviſer proportionnellement chaque demy-Diametre des autres Paralleles , afin d'y marquer les points par où doivent paſſer les Meridiens ou Cercles horaires. Pour cet effet tirez la ligne E D égale au demy-Diametre de l'Equateur de l'Aſtrolabe , & ſemblablement diviſée (Figure 2. Planche 3.) Tirez auſſi la ligne E F, beaucoup plus petite que E D , & la diviſez ſemblablement, en tirant premierement la ligne F D, & par les points horaires d'autres lignes Paralleles à ladite ligne F D.

Ce triangle ainfi preparé peut
fervir à divifer les demy-Diametres
de tous les autres Paralleles qui feront plus grands que E F, & plus
petits que E D. Car fi par exemple
on veut divifer le Tropique, il faut
tranfporter fon demy-Diametre de
E en O, il fe trouvera divifé comme il doit eftre, & par ce moyen
on aura fur les Tropiques les points
par où doivent paffer les reprefen-
tations defdits Cercles horaires.

Ayant plufieurs points de chaque
Cercle horaire fur differens Paralleles, on pourra les tracer à la main
par des lignes courbes de point en
point.

En cet Aftrolabe les Meridiens,
ou Cercles horaires font tellement
ferrez vers la partie exterieure, &
pareillement les Paralleles vers les
Poles, que les uns & les autres y
font prefque confondus, & par confequent de peu d'ufage.

En celuy de Ptolomée, ou de
Gemma Frifon les Meridiens & les
Paralleles y font plus ferrez vers le

Centre que vers les bords. Ce qui est une autre incommodité pour les usages.

SECTION III.

De la construction d'un Astrolabe universel par Monsieur de la HIRE Lecteur & Professeur Royal, & de l'Academie des Sciences.

MOnsieur de la Hire donna, il y a quelques années, dans ses Leçons du Collège Royal une nouvelle construction d'Astrolable qui a des avantages considerables par dessus celles dont nous avons parlé cy-devant.

Dans cet Astrolabe les distances des Cercles y sont representées d'une manière plus conforme au Globe qu'en aucun autre ; car ces distances sont à tres-peu prés toutes égales entr'elles, tant sur les Meridiens que sur les Paralleles à l'Equateur : Et quoyque cet Astrolabe soit universel , comme celuy de Gemma Frison & de Rojas, les positions qui sont vers le Centre de l'Astrolabe ne sont pas serrées comme dans celuy de Gemma Frison; & celles qui sont vers les bords ne sont pas plus racourcies que celles du milieu, comme dans celuy de Rojas, ce qui y est tres-incommode.

Voicy la maniere de construire l'Astrolabe de Monsieur de la Hire, qui n'est pas plus difficile que celle de l'Astrolabe de Rojas, & qui est plus aisée que celle de Gemma Frison, dont une partie des Centres des Cercles sont fort éloignez.

Soit A B D E le Cercle Exterieur de l'Astrolabe (Fig. 1.) de la Planche 4ᵉ qui represente le Meridien, & les points A E, les 2 Poles, comme dans ceux dont nous venons de parler, quoy qu'on puisse aussi appliquer cette même construction à d'autres Cercles, comme en posant le Cercle A B D E pour l'Equateur, ou pour l'Ecliptique & son centre C, pour les Poles de l'un ou de l'autre de ces Cercles, comme il l'a fait dans son Planisphere Celeste que Monsieur Defer a fait graver. Ce

Cercle A B D E étant divisé en 4
quarts par ses 2 Diametres A E, B
D, & chaque quart en degrez, on
divise le demy-Diametre C D en 2
parties égales en F, & par le point
de 45 degrez, & par F on mene la ligne droite 45 F prolongée jusqu'au
Diametre A E prolongé en O, ce
point O est la position de l'œil dans
la representation ou projection des
Cercles de la Sphere sur le Plan representé par la ligne B D, & par le
calcul on trouve C O de 1707 ¾ parties dont le Rayon du Cercle C E,
ou C D est de 1000. Ce point O est
placé dans l'Astrolabe de Ptolomée
& de Gemma Frison en E, & dans
celuy de Rojas à distance infinie.

Si l'on mene par ce point O, &
par toutes les divisions du quart de
Cercle A D des lignes droites, elles
marqueront sur C D les positions,
ou les points par lesquels doivent
passer tous les Cercles de l'Astrolabe; car il n'y aura qu'à transporter
ces mêmes divisions du demy-Diametre C D sur les autres C A, C B,
C E, comme on fait dans les autres

Aſtrolabes ; mais il faut remarquer que dans cet Aſtrolabe les
Cercles de la Sphere n'y ſont pas
repreſentez par des arcs de Cercle,
comme dans celuy de Gemma Friſon, ny par des demy-Ellipſes, comme dans celuy de Rojas, mais ſeu-
lement par des portions d'Ellipſe.

Toute la difficulté de la deſcription des Cercles de cet Aſtrolabe,
ne conſiſte donc qu'à décrire ces
portions d'Ellipſe. Monſieur de la
Hire en donne une maniere qui eſt
auſſi ſimple que s'il falloit décrire
des demy-Ellipſes comme dans l'A-
ſtrolabe de Rojas. Un ſeul exemple
ſuffira pour tous les cas.

Par la conſtruction precedente on
a toûjours trois points données de
ces portions d'Ellipſes, comme pour
les Meridiens on a des deux Poles
& le point de l'Equateur par où ils
paſſent , & pour les Paralleles à
l'Equateur on a les diviſions du bord
du Cercle exterieur de l'Aſtrolabe , & un point ſur le Diametre
A E. Si l'on vouloit donc décrire le
Meridien A F E , qui paſſe par les
Poles

Poles A E , & par le point F de 45
degrez, lequel a esté marqué sur le
Diametre B D par la ligne O , 45 ,
par le point O , & par le point N ,
qui est le point de 45 degrez opposé diametralement au point de 45 ,
qui a donné le point F, on menera
la ligne O N , qui étant prolongée
rencontrera le Diametre B D aussi
prolongé , s'il est necessaire , au
point G. Ainsi l'Ellipse qu'on veut
décrire doit passer par les points A
E F G ; mais la ligne F G sera l'un
de ses Axes.

C'est pourquoy si l'on divise la
ligne F G en deux parties égales au
point H (Figure 2.) On a fait
deux Figures pour éviter la confusion) les points A E representent
les Poles dans l'une & dans l'autre,
& le point C le centre de l'Astrolabe ; & par le point H ayant élevé
sur G F la perpendiculaire H I du
point A pour Centre & pour demy-Diametre H F on décrira un
arc de Cercle vers I , qui coupera
H I au point I , & l'on tirera I A K
qui rencontrera G F en K.

B

Enfuite on prendra une Regle de la grandeur de I K , & qui ait une pointe en A (cette Regle eft femblable à celle dont on a parlé cy-devant pour décrire les demy-Ellipfes de l'Aftrolabe de Rojas.) Lorfque les Extremitez de cette Regle couleront dans l'angle droit I H F, la pointe A décrira un quart de l'Ellipfe , laquelle paffera par les points A F, & faifant la même chofe dans l'autre angle droit F H L, avec la même Regle on décrira l'autre portion F de l'Ellipfe que l'on cherche.

Ce fera la même operation pour tous les autres Meridiens , & pour les Paralleles à l'Equateur.

Il faut feulement remarquer, que pour avoir la grandeur de l'un des Axes des Paralleles on fait l'operation fur le Rayon C D pour plus grande commodité. Par exemple fi l'on veut décrire le Parallele de 45 degrez , qui paffe par les points de 45 degrez des deux coftez du demy-Diametre C A fur le demy-Cercle B A D , lequel fera 45. S. R , il fau-

dra mener par le point O & par le
point P, qui eſt celuy de 45 degrez
ſur le quart de Cercle D P E du même côté du diametre A E, la ligne
droite O P M, qui donnera la grandeur F M ſur le demy-Diametre C
D pour celle de l'Axe S Q, ſur lequel on doit décrire la portion d'Ellipſe 45. S. R de la même maniere
qu'on a décrit A F E.

Tous ces points qui determinent
la grandeur des Axes des Ellipſes ſe
trouvent comme les demy-Diametres des Cercles qui repreſentent les
Meridiens & les Paralleles dans
l'Aſtrolabe de Gemma Friſon; toute
la difference eſt, que le point O, où
l'on place l'œil dans la deſcription
ou projection de cet Aſtrolabe, eſt
éloigné du Pole E, comme il a eſté
dit cy-devant.

Ainſi par exemple ſuppoſant le
Diametre A E pour la repreſentation du Cercle horaire de 6 heures,
on trouvera par le calcul, que la
diſtance du Centre C au point 7 où
le Cercle de 7 heures coupe l'E-
quateur B C D, eſt de 165 parties

égales ; dont le Rayon C D en contient 1000. la diſtance C. 8 de 331 parties , la diſtance C. 9 de 500. la diſtance C, 10 de 670, & la diſtance C. 11 de 839.

Ces diſtances ainſi trouvées ſur le demy. Diametre C D ſeront tranſportées ſur les 3 autres demy-Diametres , tant pour y tracer les autres Meridiens que les Paralleles.

On trouvera de même , que le Rayon Viſuel conduit du point O par l'Arc convexe E. 75 coupera le demy-Diametre C B en un point éloigné du Centre de l'Aſtrolabe C de 596 parties égales , leſquelles ajoûtées à 165 , qui eſt la diſtance C. 7 font 761 pour la longueur d'un des Axes de l'Ellipſe , qui repreſente le Cercle de 7 heures. Puis ajoûtant 1014 avec 331 on aura 1345 pour un des Axes de celle de 8 heures ; ajoûtant 1207. à 500 on aura 1707 pour un des Axes de l'Ellipſe de 9 heures ; ajoûtant 1225 à 670 on aura 1895 pour celle de 10 heures ; enfin ajoûtant 1139. à 839 on aura 1978 pour celle de 11 heures.

Les mêmes Nombres serviront pour avoir les Axes des Paralleles; mais au lieu d'ajoûter il faut soustraire, comme il est facile à voir dans la Figure. Ainsi par exemple de 1139 ôtant 839 reste 300 pour un des Axes de l'Ellipse qui passe par les 75 degrez du Meridien. De 1225 ôtant 670 reste 555 pour un des Axes du Parallele, qui passe par les 60 degrez. De 1207 ôtant 500, reste 707 pour l'Axe du Parallele, qui passe par les 45 degrez. De 1014 ôtant 331 reste 683 pour un des Axes du Parallele, qui passe par les 30 degrez. Enfin de 596 ôtant 165 reste 431 pour un des Axes du Parallele qui passe par les 15 degrez du Meridien.

On fera les mêmes operations pour avoir les positions des Cercles qui passent par chaque degré, & pour les décrire, que pour ceux dont on vient de parler.

S E C T I O N   I V.

De l'Aſtrolabe particulier Equinoxial, & de ſa conſtruction.

ON peut faire pluſieurs ſortes d'Aſtrolabes particuliers; c'eſt-à-dire pour une élevation de Pole determinée.

La Planche de celuy dont nous allons faire la deſcription repreſente le Plan de l'Equateur, ou de tout autre Cercle qui luy ſoit parallele, comme du tropique de Capricorne pour nos Regions Septentrionales.

L'œil eſt ſuppoſé au Pole Antarctique du Monde, c'eſt pourquoy les apparences ou repreſentations des Cercles de la Sphere ſur cet Aſtrolabe ſont les communes ſections du plan du Tropique de Capricorne avec les Rayons de l'œil, conduits du pole Antarctique à la circonference de chacun de ces Cercles.

Le Centre de cet Aſtrolabe repreſente le pole Arctique du Monde.

Comme il y a pluſieurs Cercles de la Sphere, qui en toutes les differentes élevations de Pole, ont toûjours un même rapport avec le Plan de l'Equateur & du Tropique du Capricorne, tels que ſont les Cercles horaires, ou d'aſcenſions droites, les Paralleles à l'Equateur, ou Cercles de declinaiſon, les Cercles de longitude des Aſtres paſſans par les Poles du Zodiaque, les Cercles de latitude paralleles à l'Ecliptique, & l'Ecliptique même : & comme les Eſtoiles fixes ont pour toutes les Regions les mêmes diſtances de l'Equateur & du Tropique de Capricorne, cela fait que cet Aſtrolabe eſt compoſé de 2 Planches, dont l'une eſt immobile & particuliere à une certaine élevation de Pole determinée, ſur laquelle on décrit les Cercles qui changent en chaque Region, comme ſont l'Horiſon & ſes Paralleles que l'on nomme Almucantarats, les Azimuts, ou Cercles Verticaux, les Cercles des heures Italiques & Babiloniques, & ceux des Maifons Celeftes.

L'autre Planche eft mobile &
univerfelle, ou commune à toutes
les differentes élevations de Pole,
laquelle tournant autour du Centre de cet Aftrolabe reprefente le
mouvement diurne de la Sphere autour des Poles du Monde : Cette
partie Mobile que l'on nomme Raifeau ou Aragnée eft découpée &
évidée afin que l'on puiffe voir la
Planche immobile qui eft deffous.

Conſtruction de l'Aragnée ou Raiſeau.

CETTE Piece eft ainfi nommée
à caufe qu'elle eft évidée, & à
jour comme une toile d'Aragnée, ou
comme un Raifeau. (Planche 5e.

Du Centre A foit décrite une circonference de Cercle de grandeur
égale au creux de l'Aftrolabe, où
cette Piece doit eftre mife. Cette
circonference, qui reprefente le
Tropique d'hyver ou de Capricorne
doit être divifée en 4 parties égales
par deux Diametres B C, D E, puis
on fera l'Angle B A F égal à la plus
grande declinaifon du Soleil, fça-

voir de 23ᵈ ½ & du point E, ayant tiré la ligne E F, on marque ſur le demy-Diametre A B le point G, par lequel on trace du centre A le Cercle G L N V, repreſentant l'Equateur, lequel coupe la ligne A F au point M; enſuite on tire la ligne L M, qui coupe A B au point O, par lequel, & du même Centre A on trace une circonference de Cercle, repreſentant le Tropique d'Eté, au de Cancer.

On peut auſſi décrire les Tropiques de Cancer & de Capricorne, ſuppoſant le Rayon A G de l'Equateur de 1000 parties égales ; car le Rayon du Tropique de ♋ A O, ſera de 656, comme eſtant la tangente de l'Angle M L A 33ᵈ-15′, ou de la moitié de l'Arc M V, & le Rayon A B du Tropique de ♑ ſera de 1525 tangente du complement dudit Angle.

Ayant décrit ces Cercles, on diviſe en 2 également l'eſpace compris entre le point Meridional B du Tropique de ♑, & le point Septentrional R du Tropique de ♋, & du

point milieu P on trace une circonference de Cercle paſſant par les
points Equinoxiaux L & V, laquelle repreſente l'Ecliptique du même
centre P ; on décrit deux autres
Cercles Paralleles, afin d'y marquer
les 360 degrez , & les 12 Signes du
Zodiaque avec leurs noms & caracteres.

On diviſe le Zodiaque en ſes Signes & degrez par le moyen d'une
Table des Aſcenſions droites en la
maniere ſuivante.

On applique l'Aragnée ſur un
Cercle bien diviſé en degrez & minutes, en ſorte que le centre A de
ladite Aragnée convienne avec le
centre du Cercle , & que le premier
point de ♈ ſoit fixement arreſté ſur
le commencement de la diviſion dudit Cercle , le premier point de ♋
ſur le 90ᵉ degré, celuy de ♎ ſur 180ᵉ;
& enfin celuy de ♑ ſur le 270ᵉ degré. Enſuite connoiſſant par la Table des Aſcenſions droites des degrez de l'Ecliptique que par exemple, le cinquiéme degré de ♈ a 4 degrez 35' d'aſcenſion droite , & le 10ᵉ

9^d 11′ ; je mets une regle au centre du Cercle , & sur le quatriéme
degré 35 minutes pour marquer sur
le Zodiaque le cinquiéme degré de
♈ ; puis j'avance la regle sur le neuviéme degré 11′ du Cercle , & je
marque le 10e de ♈ , & ainsi de suite jusqu'au dernier point de ♓ , qui
répond au 360 & dernier degré du
Cercle.

On peut encore diviser le Zodiaque de l'Aragnée sans se servir de la
Table des Ascensions droites en la
maniere suivante. Soit comptée la
plus grande declinaison du Soleil 23^d
30′ depuis le point L de l'Equateur
jusqu'au point K , d'où soit tirée la
ligne VK qui coupe le Diametre du
Zodiaque au point S , qui sera son
Pole Septentrional ; ensuite mettant la Regle audit point S , & sur
les divisions égales de l'Equateur
on marquera des points sur l'Ecliptique, par lesquels on tire au centre
A de l'Instrument les lignes qui la
divisent en ses Signes & degrez.
Commençant par le premier point
d'Aries , mettant par exemple la

B vj

Regle sur le point S, & sur le 10 degré de l'Equateur, on marque sur l'Ecliptique le 10 degré d'♈, la mettant sur le trentiéme degré de l'Equateur & toûjours sur le point S, on marque sur l'Ecliptique le premier degré de ♉, & ainsi de tous les autres. Mettant ensuite la Regle sur les points marquez autour de l'Ecliptique, & sur le point A Centre de l'Astrolable, on tire les lignes qui divisent le Zodiaque en ses signes & degrez.

Marquer sur l'Aragnée les plus considerables Etoiles du Firmament.

IL faut avoir une Table des Ascensions droites, & declinaisons des Etoiles que l'on veut y marquer, calculée pour l'année courante. Il faut aussi une petite Regle mobile autour du centre A, sur laquelle soient marquées les Declinaisons, tant Septentrionales que Meridionales, ce qui se peut faire ainsi. Décrivez un demy-Cercle, dont le Diametre soit égal à celuy de l'Equateur décrit en l'Aragnée, (comme on le voit en la Figure 3. Planche 3e.) puis l'ayant partagé en 2 également par la Perpendiculaire B C, prolongée au delà du Cercle, divisez la circonference de chaque quart de Cercle en 90 degrez, commençant la division au point B. Appliquez ensuite une Regle au point D, & la conduisant par les divisions des quarts de Cercle B E, B D, traversez le Diametre B C de plusieurs petites lignes qui marquent les degrez de Declinaison, dont ceux qui sont depuis le point B jusques vers le centre C marquent la declinaison Septentrionale, & ceux qui sortent hors du Cercle au delà de B sont pour la Meridionale.

Enfin on transporte avec le compas sur une petite Regle les marques & intersections du Diametre B C, & l'on y écrit les chiffres, commençant par le point B, où ladite Regle touche la circonference de l'Equateur, & continuant leur nombre de part & d'autre. Comme le Tropique de Capricorne termi-

ne la Planche de cet Aftrolabe , il
eft inutile de marquer les Declinai-
fons Meridionales au delà de 23 degrez 30 minutes.

On peut auffi marquer les degrez
de Declinaifon par les nombres ,
fuppofant le Rayon de l'Equateur
divifé en 1000 parties égales ; car
prenant le demy-Diametre D.C
pour Sinus total , les parties du
Rayon B C feront les tangentes des
Angles oppofez faits au point D ,
qui eft à la circonference de l'E-
quateur. Ainfi pour avoir le nombre des parties égales qui convient
à 10 degrez de Declinaifon Septentrionale , cherchez la tangente de
la moitié de fon complement , c'eft
dire de 40 degrez ; vous trouverez
839 , qui marque la diftance du
centre de l'Aftrolabe au point du
Ciel, dont la Declinaifon Septentrionale eft de 10 degrez , & ôtant
ce nombre de 1000, pris icy pour
finus total , refte 161 pour la diftance de ce même point du Ciel à la
circonference de l'Equateur.

Mais pour avoir le nombre qui

convient à 10 degrez de Declinaison Meridionale, ajoûtez 10 avec
90 pour faire 100, cherchez la tangente de sa moitié 50, vous aurez
1192 pour la distance du centre de
l'Astrolabe au point du Ciel, dont
la Declinaison Meridionale est de
10 degrez, ou bien 192 pour la distance de ce point du Ciel à la circonference de l'Equateur. Si par
exemple on se propose de marquer
sur l'Aragnée (Planche cinquiéme)
l'œil du Taureau. L'ascension droite de cette Etoile de la premiere
grandeur est pour l'année courante 1701 de 64 degrez 43 minutes,
& sa Declinaison Septentrionale est
de 15 degrez 52'. On compte les degrez d'Ascension droite en commençant du premier point d'♈ sur
la circonference de l'Equateur divisé en ses degrez, ou sur tout autre
Cercle Concentrique ; pour cet effet mettant la Regle sur le centre
A , & sur le 64ᵉ degré 43' de l'E-
quateur on tire une ligne droite qui
represente le Cercle d'Ascension
droite de l'Etoile proposée ; & pour

la declinaison qui est Septentrionale on tourne ladite Regle divisée &
mobile autour du centre de l'Astrolabe, l'arrestant sur la ligne que
l'on vient de tirer, sur laquelle
marquant un point correspondant
au quinziéme degré 52ᶫ de declin.
Sept. on a le lieu de ladite Etoile,
ou bien si on veut le trouver par les
Nombres & sans Regle divisée, on
oste 15ᵈ 52ᶫ de 90 deg. reste 74ᵈ
8ᶫ. On cherche dans un Livre où
sont les Tables des sinus & tangentes, la tangente de la moitié 37ᵈ
4ᶫ, qui se trouve 755; on prend
avec un compas l'étenduë de ce
Nombre sur une Regle divisée en
1000 parties égales que l'on porte dudit Centre A sur la ligne
qui represente le Cercle d'Ascension droite de ladite Etoile,
pour y marquer son vray lieu. Soit
pour deuxiéme exemple proposé à
marquer sur l'Aragnée Syrius, ou
le grand Chien dont l'Ascension
droite est de 98 degrez, & la Declinaison Meridionale de 16ᵈ 20ᶫ. On
tire une ligne du centre A de l'A-

ſtrolabe par le 98 degré de l'Equateur, qui repreſente le Cercle d'Aſcenſion droite de ladite Etoile, ſur laquelle ligne mettant la regle diviſée on marque un point correſpondant au 16ᵈ 20' de declinaiſon Meridionale hors de l'Equateur ; ou bien ſi on veut le trouver par les Nombres, on ajoûte leſdits 16ᵈ 20' à 90 degrez, ce qui fait 106ᵈ 20', la moitié en eſt 53ᵈ 10' dont on cherche la tangente, & on la trouve de 1335. C'eſt pourquoy prenant avec un compas ſur la Regle diviſée en 1000 parties égales, l'étenduë de 335 on la porte depuis la circonference de l'Equateur en dehors ſur la ligne droite, qui repreſente le Cercle d'Aſcenſion droite de ladite Etoile pour y marquer ſon vray lieu, & ainſi de toutes les autres Etoiles que l'on veut placer, leſquelles ſe marquent ordinairement par des petites pointes qui tiennent aux compartimens qui forment l'Aragnée.

*Tracer l'Horison & les Almucantarats
sur l'Aſtrolabe particulier.*

IL faut premierement tracer ſur
la Planche le Cercle Equinoxial
& les 2 Tropiques de la même maniere & grandeur qu'on les a tracées ſur l'Aragnée, comme on les
voit en la Planche 6ᵉ, où le plus
grand Cercle tracé du centre A repreſente le Tropique de ♑ le moyen
repreſente l'Equateur, & le plus
petit, le Tropique de ♋, la droite
K A D eſt la ligne de Midy & de
Minuit, où la commune Section du
Meridien & du Tropique de ♑ &
C A B la ligne du lever & du coucher Equinoxial; B repreſente l'O-
rient, & C l'Occident.

Tous les Horiſons de la Sphere
Oblique ſe repreſentent par des
Cercles ſur cet Aſtrolabe, & il n'y
a que l'Horiſon de la Sphere droite
qui s'y repreſente par une ligne
droite, & convient avec le Cercle
de 6 heures.

Comme tous les Horiſons paſſent

par les 2 intersections de l'Equateur & de l'Ecliptique qui sont les
points B & C sur la Planche (6ᵉ)
il ne s'agit que d'en trouver un troisiéme point en cette maniere. Faites
l'arc B F égal à l'élevation du Pole,
comme en cet exemple de 49 degrez, & tirez la ligne C F qui donnera sur la Meridienne, le point I,
qui est le terme Septentrional par
où doit passer l'Horison. Si par ces
3 points C I B on décrit un Cercle, il representera l'Horison oblique pour la latitude de 49 degrez.
L'arc qui passe au dehors du Tropique de ♋ est coupé comme inutile, aussi-bien que ceux des Almucantarats, ou Cercles de hauteur
les plus proches de l'Horison.

On peut encore trouver un quatriéme point dudit Horison dans la
Meridienne prolongée au de-là du
Tropique de Capricorne en cette
maniere. Tirez le Diametre F A E,
& par le point E la ligne C E K pour
avoir à l'intersection de la Meridienne le point K qui est le terme
Meridional de l'Horison ; puis di-

visez en 2 également la ligne K I pour avoir le point du milieu M, qui sera le centre dudit Horison, lequel passera par les points C I B K.

Pour avoir le Zenith, faites l'Arc B G égal au Complement de l'élevation du Pole; cet Arc est en cet exemple de 41 degrez; & tirez la ligne C G qui donnera sur la Meridienne, le Zenith V. Depuis l'Horison on compte 90 Almucantarats, ou Cercles de hauteur, dont le 90e finit au Zenith ou point Vertical, lesquels se décrivent en la maniere suivante.

Les Arcs G E & G F, qui sont chacun de 90 degrez soient divisez en degrez, ou de deux en deux, ou seulement de 10 en 10, comme en cette petite Planche; puis prenant de part & d'autre du point G des Arcs égaux, comme G L, G N, tirez les lignes ponctuées C L, C N, lesquelles donneront sur la Meridienne, deux points qui seront les termes d'un même Almucantarat, & le point milieu entre ces deux termes en sera le centre. Ainsi par exemple ces Arcs G L , G N eſtans chacuns de 20 degrez, l'Almucantarat à qui apartiennent ces 2 termes, ſera le 70ᵉ au deſſus de l'Horiſon , c'eſt-à-dire 20 degrez au deſſous du Zenith.

Ces Cercles ne ſont pas tout-à-fait concentriques , comme il eſt aiſé de voir ſur ladite Planche.

Le Cercle du Crepuſcule , qui eſt le 18ᵉ Almucantarat au deſſous de l'Horiſon , ſe décrit en cette maniere.

Faites les Arcs F O , E P de 18 degrez chacun, puis du point C tirez les lignes droites C O , C P R , la ligne C O donnera par ſon interſection avec la Meridienne le point S, qui eſt le terme Septentrional du Cercle du Crepuſcule , & la ligne C P R prolongée juſqu'à ce qu'elle coupe la Meridienne , donnera ſon terme Meridional. Le point T milieu entre ces deux termes en ſera le Centre, tellement qu'ouvrant le Compas de T en S on tracera ledit Cercle du Crepuſcule.

On peut trouver en nombres le

centre & les termes de l'Horifon; car fuppofant le Rayon de l'Equateur C A de 1000 parties égales, & l'Angle A C I en l'exemple propofé étant de 24 d 30′, fçavoir moitié de l'élevation du Pole 49, A I qui en eft la tangente fera de 456, & A K tangente de fon complement, c'eft-à dire de 65 d 30′ fera de 2194. Ces Nombres marquent les termes extrêmes de l'Horifon. La fomme de ces deux Nombres eft 2650, dont la moitié 1325 eft le Rayon, ou demy-Diametre de l'Horifon M K, ou M I, dont fi vous oftez A I 456, le refte 869 donnera la diftance du point A au point M.

Pour trouver le Zenith ou point Vertical V, l'Angle B C G eft de 20 d 30′, moitié de l'élevation de l'Equateur 41, & par confequent A V qui en eft la tangente eft de 374.

Enfin on peut trouver en Nombres les termes des Cercles de hauteur comptez depuis le Zenith ; car puifqu'il faut divifer les quarts de Cercle G E, G F chacun en 90 degrez, & que les Angles tirez du

point C, qui est à la Circonference, sont moitié des Angles tirez du centre A. Il s'ensuit que
chacun des termes extrêmes de
ces Cercles est éloigné d'un de-
my-degré du point Vertical V,
c'est pourquoy, comme le Zenith
V est éloigné du point A de la tangente de 20ᵈ 30′ le terme Septentrional du 89ᵉ Almucantarat, qui est
le plus proche du Zenith sera éloigné du centre A de la valeur de la
tangente de 20 degrez, qui est 364,
& son terme Meridional en sera
éloigné de la tangente de 21 d. sçavoir de 384. Ainsi en augmentant
& diminuant de suite d'un demy-
degré, on aura les tangentes des termes Meridionaux & Septentrionaux des autres Cercles.

En additionant les termes, &
prenant leurs moitiez, on aura les
Rayons de chacun des Cercles,
dont un terme est Septentrional
eu égard au centre A de l'Equateur,
& l'autre Meridional.

Mais quand l'un & l'autre terme
est Meridional, comme il arrive

en ceux dont le nombre surpasse l'E-
levation du Pole, au lieu de la moitié de la somme des termes, il faut
prendre la moitié de leur difference pour avoir leur Rayon.

Si par exemple on veut décrire le
70e Almucantarat, qui est le 20e
au dessous du Zenith, pour un lieu
dont la latitude est de 49 degrez, le
terme inferieur sera éloigné du centre A vers le Midy de 185 parties
égales, & le terme superieur en sera éloigné de 589 dont la difference
est de 404, & la moitié 202 est le
Rayon dudit Cercle. Mais si l'on
veut decrire le 40e Almucantarat,
qui est le 50 au dessous du Zenit,
son terme inferieur Septentrional
eu égard au centre A en sera éloigné de 79, & le terme superieur ou
Meridional en sera éloigné de 1017.
La somme de ces 2 termes est 1096,
dont la moitié 548 est le Rayon dudit Cercle.

Si l'on veut avoir les centres de
ces mêmes Cercles, il faut examiner si les termes sont tous deux Meridionaux à l'égard du centre de
l'Equateur

l'Equateur A , ou bien fi l'un eſt
Meridional & l'autre Septentrional : Dans le premier cas il faut
ajoûter le terme inferieur avec le
Rayon trouvé , la ſomme ſera la diſtance du centre de l'Equateur A ,
au centre du Cercle que l'on veut
décrire; comme par exemple pour
avoir le centre du 70ᵉ Almucantarat , on ajoûte ſon terme inferieur
185 avec le Rayon trouvé 202. La
ſomme de 387 donnera ſon centre.
Mais ſi l'un des termes eſt Septentrional , & l'autre Meridional , on
ôte le terme Septentrional du Rayon , & le reſte donne le centre.

Ainſi par exemple pour le 40ᵉ Almucantarat le Rayon a eſté trouvé
de 548 , dont ôtant le terme Septentrional 79 le reſte 469 ſera la diſtance du centre de ce Cercle au centre
A de l'Equateur.

Pour la ligne du Crepuſcule, qui
eſt le 18ᵉ Almucantarat , ſous l'Horiſon l'angle B C S , eſtant de 33ᵈ 30′,
A S , qui en eſt la tangente, ſera de
662 , & l'angle B C R eſtant de
74ᵈ 30′, A R qui en eſt la tangente ,
eſt de 3606 ces 2 nombres ajoûtez

C

font 4268 , dont la moitié est le Rayon T S 2134 , & la distance du centre T au centre A est 1472.

TABLE contenant les termes Septentrionaux & Meridionaux des Cercles de hauteur à l'égard du Zenith , les Rayons de leurs Cercles , & la distance de chacun de leurs centres au centre de l'Equateur, calculez de 10 en 10 degrez pour la latitude de 49 degrez.

Le premier de ces Cercles qui répond à o degrez est l'Horison du lieu , & celuy qui répond à 90 degrez est le Zénith.

Degrez.	Termes Septent.	Termes Merid.	Rayons.	Distance des Cent.
0	456	2194	1325	869
10	354	1767	1060	706
20	259	1455	857	598
30	167	1213	690	523
40	79	1017	548	469
50	9	854	422	431
60	96	712	308	404
70	185	589	202	387
80	277	477	100	377
90	374	374	0	374
Ligne du Crepuscule	662	3606½	2134	1472

Tracer les Azimuts , ou Cercles Verticaux.

CEs Cercles paſſent tous par le Zenith ou point vertical, & ſe terminent à l'Horiſon.

Il faut commencer à tracer le premier Azimuth, qui doit paſſer par les points B & C du lever & coucher Equinoxial, & par le Zenith V. (Planche 6) Ces 3 points pourroient ſuffire pour le tracer ; mais ſi de plus vous voulez avoir ſon Centre, portez l'Arc de l'élevation du Pole B F depuis F juſqu'en G, & tirez la droite C G H, laquelle doit être parallele à A F, le point H, où cette ligne coupe la Meridiene eſt le Centre du premier Azimuth. Par le point H tirez la ligne I H K parallele à B A C ; c'eſt ſur cette ligne que ſe trouvent les Centres de tous les autres Azimuths en la maniere ſuivante.

Du Zenith V décrivez le quart de Cercle V M N, & l'ayant diviſé en autant d'Arcs égaux que l'on

veut tracer d'Azimuths, comme en
cet exemple de 10 en 10 degrez,
mettez une Regle au Centre V, &
à tous les points de divisions dudit
quart de Cercle, pour marquer sur
la ligne I H autant de points qui seront les Centres d'une partie desdits Azimuts ; puis transportant les
mêmes divisions de la ligne H I de
H en K, vous aurez les Centres des
autres Azimuts, lesquels s'entrecoupent tous au Zenith V ; la ligne
I H K doit estre prolongée de part
& d'autre autant qu'il est besoin
pour recevoir les intersections de
toutes les lignes qui divisent le
quart de Cercle M N.

Il faut remarquer que les Rayons
des Azimuts également éloignez du
premier Azimut, sont égaux entre
eux.

Toutes ces lignes se peuvent trouver en nombres ; car le Rayon de
l'Equateur C A étant supposé de
1000 parties égales, A H qui est la
tangente de 49 degrez, élevation
du Pole, sera de 1150.

Ensuite le Rayon du premier Azi-

mut V H étant pris pour sinus total,
& supposé de 1000 parties égales,
les parties de la ligne H I depuis le
point H jusqu'aux centres des autres Azimuts seront les tangentes
des Arcs en quoy on aura divisé le
quart de Cercle, & les secantes des
mêmes Arcs seront les Rayons des
Azimuts.

Des Cercles des heures Astronomiques.

CE sont des grands Cercles im-
mobiles, qui passans par les Poles du Monde divisent l'Equateur &
tous ses Parallèles en 24 parties
égales. Ils se peuvent représenter
par la Regle ou Alidade qui tourne
autour du Centre de cet Astrolabe;
c'est-pourquoy il est inutile de les
y tracer, & l'on se contente seulement de marquer leurs divisions &
subdivisions sur le bord immobile
qui renferme toutes les Planches de
cet Instrument.

Tracer les Cercles des heures Italiques & Babiloniques.

LEs heures Italiques se comptent depuis le coucher du Soleil, & les heures Babiloniques depuis son lever. Or les Cercles de ces heures sont de grands Cercles, qui coupans obliquemenr l'Equateur, touchent le plus grand des Paralleles, qui ne se couchent jamais sous l'Horison, & le plus grand des Paralleles qui ne se levent jamais sur l'Horison en chaque point horaire Astronomique.

Pour les décrire soit l'Horison oblique B E C dont le Centre est D. (Planche 7) Du Centre de l'Equateur A, & de l'intervale A E soit décrit le plus grand des Paralleles qui ne se couchent jamais, & du même Centre de l'Astrolabe A, & de l'intervale A D soit décrit le Cercle D H G que l'on divisera en 24 parties égales ou en 48 , si on vouloit les demy-heures ; puis des points de ces divisions comme Cen-

tres, & de l'intervale D E on tracera des Cercles qui feront ceux des
heures Italiques & Babiloniques.

La ligne A K eſt le Rayon du plus
grand des Paralleles qui ne ſe levent jamais ſur l'Horiſon. Si les
Cercles des heures Italiques & Babiloniques eſtoient entiers, ils tou-
cheroient la circonference de ce Parallele en dedans, comme ils touchent par dehors celle du plus grand
des Paralleles qui ne ſe couchent jamais, dont le demi Diametre eſt A E.

D'un même point on tire deux demy-Cercles, dont l'un appartient
aux heures Italiques, & l'autre aux
heures Babiloniques ; comme ſi A B
eſt la partie Orientale de l'Horiſon,
le demy-Cercle comme E O, & les
autres qui ſont dans la partie ſupe-
rieure de l'Horiſon ſont pour les
heures Babiloniques, & les autres
demy-Cercles qui ſont au deſſous de
la partie Occidentale comme E F
ſont pour les heures Italiques, de
ſorte que E O eſt la premiere heure
Babilonique, & E F la premiere
heure Italique.

C iiij

Tracer les Cercles des heures Planetaires ou Inégales.

CES sortes d'heures qui étoient autrefois en usage parmy les Juifs, divisent le jour & la nuit artificielles, chacun en 12 parties égales ; de sorte que les heures du jour ne sont point égales aux heures de la nuit, si ce n'est au temps des Equinoxes.

Elles se décrivent ordinairement dans la partie inferieure de la Planche de l'Astrolabe, afin d'éviter la confusion qu'elles pourroient apporter si on les continuoit dans la partie superieure où il y a quantité d'autres Cercles.

L'Horison oblique divise l'un & l'autre Tropique en parties inégales que l'on appelle Arcs diurnes & nocturnes, en sorte que l'Arc nocturne du Tropique de ♋ qui est au dessous de l'Horison, est beaucoup plus petit que l'Arc diurne du même Tropique qui est dans la partie superieure ; & au contraire l'Arc nocturne du Tropique de ♑, eſt beaucoup plus grand que l'Arc diurne, mais l'Equateur eſtant coupé par l'Horiſon en parties égales, ſon Arc diurne eſt égal à l'Arc nocturne. Voyez la Planche 8ᵉ.

C'eſt-pourquoy comme les heures Planetaires diviſent le jour & la nuit artificielles en parties égales, il ne faut que diviſer en 12 également les Arcs nocturnes des deux Tropiques & de l'Equateur, & par 3 points correſpondans on trace les Arcs horaires, dont l'ordre commence du coucher du Soleil allant vers Minuit, qui eſt toûjours la 6ᵉ heure, & continuant vers l'Orient, comme on voit en la Planche 8ᵉ.

Ayant par exemple choiſi 3 points des Arcs nocturnes, diviſez les plus proches de la partie Occidentale de l'Horiſon, dont le premier eſt dans le Tropique de ♑, le ſecond dans l'Equateur, & le troiſiéme dans le Tropique de ♋, cherchez-en le Centre, & décrivez l'Arc qui paſſe par ces 3 points, ce ſera la fin de la premiere heure planetaire, & le commencement de la seconde ; puis sans changer l'ouverture du compas vous décrirez un autre Arc qui passe par les 3 points les plus proches de la partie Orientale de l'Horison, ce sera la fin de la 11ᵉ heure Planetaire, & le commencement de la 12ᵉ. Ainsi d'une même ouverture de Compas on pourra décrire deux Arcs horaires, l'un du costé d'Occident, & l'autre du costé d'Orient à même distance de l'Horison : cherchez ensuite le Centre des 3 points immediatement suivans l'Arc de la premiere heure du costé d'Occident, afin de décrire l'Arc de la seconde heure, & de la même ouverture de Compas, vous décrirez du costé d'Orient la dixiéme heure, & ainsi des autres.

Nous n'expliquons point icy la maniere de trouver les Centres de ces sortes d'heures, ceux qui sont tant soit peu versez en Geometrie sçavent comme on trouve les Centres des Cercles dont on a 3 points donnez en leurs circonferences.

Tracer les Cercles des douze Maisons Celestes.

LES Astrologues ont eu plusieurs opinions differentes touchant ces Cercles, les uns voulant qu'ils divisassent en 12 parties égales l'Ecliptique ; quelques autres, le premier Vertical, & d'autres l'Equateur ; mais l'opinion la plus suivie est celle de Montroyal, suivant laquelle ces Cercles passans par les 2 intersections du Meridien & de l'Horison, divisent l'Equateur en 12 parties égales, & l'Ecliptique en parties inégales, si ce n'est pour les Peuples qui habitent sous l'Equateur.

Pour distinguer les 12 Maisons Celestes, dont les six premieres sont sous l'Horison, & les six autres au dessus ; il ne faut que six Cercles que l'on appelle de position : le Meridien & l'Horison sont deux de ces Cercles ; le bord Oriental de l'Horison fait le commencement de la premiere Maison, & continuant

la division par l'Hemisphere inferieur, le bord Occidental de l'Horison fait le commencement de la
7ᵉ ; la Partie inferieure du Meridien fait le commencement de la
4ᵉ Maison, & sa partie superieure
commence la 10ᵉ.

Comme le Meridien & l'Horison sont déja tracez, il ne s'agit
plus que des 4 autres Cercles. Pour
les tracer on tire par le point M,
Centre de l'Horison, une ligne
droite P M (Planche 8) coupant à
angles droits la Meridienne & Parallele à la ligne d'Orient & d'Occident B C. Ensuite on divise le
Cercle Equinoxial en 12 parties
égales, & appliquant une Regle
sur deux de ces points de division
opposez, & sur le Centre A de l'E-
quateur, on marque sur ladite ligne P M des intersections, qui seront les Centres des 4 Cercles de
position : c'est-pourquoy y mettant
un pied du Compas, & l'autre pied
étant étendu jusqu'au point I, qui
est l'intersection de l'Horison & du
Meridien, on décrira des Arcs qui

se termineront de part & d'autre
au Tropique de ♑ , & qui passeront par les divisions de l'Equateur.

Comme la même Planche sert
pour les 12 Maisons Celestes , &
pour les heures Planetaires , on a
placé en dehors les chiffres , qui
marquent les Maisons Celestes , &
en dedans ceux qui servent à marquer les heures Planetaires, afin de
les distinguer les unes des autres.

Par les Methodes cy-devant expliquées , on peut tracer une Planche d'Astrolabe particulier pour
chaque élevation de Pole qui convient au Pays pour lequel on veut
s'en servir , en décrivant sur la
même Planche particuliere tout ce
qui est representé sur les 5 , 6 , 7 &
8 Planches , neanmoins on n'y décrit pas ordinairement les heures
Italiques & Babiloniques qui sont
tracées sur la 7ᵉ Planche , à cause
que par leur grand nombre elles
pourroient apporter quelque confusion.

Toutes ces Planches se colent

ordinairement sur un Carton fin, &
se mettent dans une piéce de bois
creusée en rond que l'on nomme la
Mere de l'Astrolabe, parce qu'elle
les contient toutes.

Elle est percée par le milieu d'un
trou rond, où l'on met un clou de
cuivre tourné en vis par le bout,
& fermé d'un écrou. Ce clou sert
à joindre ensemble toutes les Planches, tant universelles que particulieres, lesquelles sont toutes percées
en leurs Centres, avec l'Aragnée qui
tourne autour dudit clou, aussi-
bien qu'une Regle ou Alidade de
cuivre, laquelle s'étend jusques sur
le bord de l'Instrument où est un
Cercle divisé en 24 heures, qui se
comptent en deux fois 12, & chaque heure est divisée en 60 minutes. Au de-là du Cercle des heures il y a encore un autre Cercle
divisé en 360 degrez, dont la division commence au premier point
d'♈, & se continue suivant l'ordre
des Signes, pour marquer les ascensions droites des Signes du Zodiaque & des Astres; on ajoûte à

ladite Alidade un Index pliant &
mobile afin de pouvoir l'alonger sur
les Planches des Astrolabes universels, & l'arrester sur les points que
l'on veut pour certains usages dont
il sera parlé cy-aprés. Il y a encore une autre Regle ou Alidade
garnie de deux pinules tournantes
autour dudit clou de cuivre qui est
au centre de l'autre côté de l'Astrolabe que l'on appelle le Dos, laquelle sert pour observer le mouvement des Astres, & leurs élevations sur l'Horison.

SECTION V.

Explication de ce qui est marqué sur le
dos de l'Astrolabe.

LE plus grand Cercle qui termine la feüille collée sur le
dos de l'Astrolabe est divisé en 4
quarts par deux Diametres se coupans au Centre à Angles droits.
Lorsque l'on tient cet Instrument
suspendu librement par son anneau,

un de ces Diametres se trouve Parallele à l'Horison, & l'autre luy est perpendiculaire : chaque quart est divisé en 90 degrez, & chaque degré en deux demys ; leur division commence au Diametre Parallele à l'Horison. Son principal usage est pour observer les hauteurs des Astres sur l'Horison, par le moyen de la Regle ou Alidade garnie de ses pinules qui tourne autour du Centre.

Ce plus grand Cercle en renferme immediatement un autre qui est divisé en 12 fois 30 degrez, & qui contient les Noms & Caracteres des 12 Signes du Zodiaque.

Ensuite il y a plusieurs Cercles concentriques, renfermans 6 espaces, le premier desquels contient les 55 premieres années du 18e Siécle ; le second espace contient les Lettres Dominicales de chacune desdites années, le troisiéme les Cycles Solaires, le quatriéme les Nombres d'Or ou Cycles Lunaires, le cinquiéme les Epactes, & le sixiéme les jours Pascals. On a continué les mêmes choses pour toutes les autres années du même Siécle en 6 autres Espaces circulaires plus prés du Centre de l'Instrument.

Il y a encore 4 Espaces Circulaires divisez en 12 Mois, & chaque Mois en ses jours, servans pour quatre années, dont trois sont communes, ou de 365 jours, & la quatriéme est Bissextile, ou de 366. Le plus grand de ces 4 Espaces où le Mois de Fevrier est divisé en 29 jours est pour les années Bissextiles.

Comme il y a quelque difficulté à diviser un Cercle en nombre impair, nous en expliquerons la maniere en cette occasion.

Je suppose, par exemple, vouloir le diviser en 365 à cause des 365 jours de l'année commune ; il faut choisir la plus grande partie de ce nombre qui se puisse facilement diviser toûjours par moitié comme le nombre 256 qui se peut diviser jusqu'à la fin toûjours par moitié, ostant 256 de 365 reste 109 ; je cherche combien ce nombre restant fait de degrez, minutes & secondes par la Regle de proportion, en disant,

jours	degr.	jours	d	ll
Si 365 . 360	109	107-30' 24".		

je retranche du Cercle à diviser un angle de 107^d-30'-24", & je divise l'Arc restant toûjours par moitié jusqu'à l'unité, par laquelle divisant tout le Cercle, il se trouve divisé en 365 jours.

Mais si on vouloit le diviser en 365 jours & $\frac{1}{4}$ pour approcher de la durée de l'année solaire; il faut à cause du quart multiplier par 4, les 365 jours, & y ajoûter 1, le produit est 1461; de ce nombre il en faut choisir une partie qui se puisse facilement diviser toûjours par moitié jusqu'à la fin comme le nombre 1024, lequel estant osté de 1461 reste 437; je cherche par la Regle de proportion combien ce nombre restant fait de degrez, minutes & secondes, en disant.

Si 1461—360^d— 437 — 107^d-40'-46"
je retranche du Cercle à diviser un angle de 107^d-40'-46", & je divise

l'Arc restant toûjours par moitié jusqu'à ce qu'il vienne au nombre 4, par lequel divisant tout le Cercle, il se trouve divisé en 365 jours, & le quart restant.

Immediatement aprés les Cercles des jours de l'année il y a un autre Cercle divisé en 32 parties, où sont les Noms des 32 Rhumbs de Vents.

Vers le milieu il y a encore 2 autres Cercles, dont l'un est divisé en 24 parties pour les 24 heures du jour naturel, qui se comptent en deux fois 12, & l'autre est divisé en 29 & demy pour les 29 jours & demy, qui composent le mois Synodique de la Lune, c'est-à-dire le temps que la Lune employe depuis une conjonction au Soleil jusqu'à l'autre.

Enfin dans le milieu de la Planche du dos il y a un double quarré Geometrique pour mesurer les hauteurs & profondeurs des corps tant accessibles qu'inaccessibles, avec un Treillis & un Cadran Solaire en quart de Cercle, pour connoî-

tre l'heure par les hauteurs du Soleil
ur l'Horiſon à 48 degrez de latitude.

Les coſtez du quarré Geometrique ſont diviſez chacun en 100 parties égales.

Quand on veut meſurer la hauteur d'un corps élevé perpendiculairement ſur l'Horiſon , comme
par exemple d'une tour , il faut tenir l'Aſtrolabe ſuſpendu librement
par ſon anneau , & en cette ſituation les coſtez du double quarré
Geometrique où eſt marqué Ombre droite ſont Paralleles à l'Horiſon , & les autres coſtez où eſt
marqué Ombre verſe ſont perpendiculaires au même Horiſon.

On appelle Ombre droite, l'Ombre d'un corps élevé perpendiculairement ſur l'Horiſon ; & Ombre
verſe ou renverſée , celle que fait
un ſtile Parallele à l'Horiſon mis
dans un mur élevé perpendiculairement. L'une & l'autre Ombre
droite & verſe , c'eſt-à-dire horiſontale & verticale ſont égales
aux corps, lorſque le Soleil eſt élevé preciſement de 45 degré ſur

l'Horifon ; mais à proportion qu'il
s'éleve davantage , l'ombre droite
ou horifontale le racourcit ; & au
contraire l'ombre verfe ou verticale s'alonge.

De même lors qu'on obferve la
hauteur d'une Tour avec le quarré Geometrique, fi le Rayon vifuel
reprefenté par l'Alidade fe trouve
le long de la Diagonale du quarré,
la hauteur de la Tour eft égale à
fa diftance du lieu où fe fait l'obfervation , en y ajoûtant la hauteur de l'obfervateur jufqu'à l'œil ;
mais fi l'Alidade coupe le cofté
du quarré , où eft marqué Ombre droite, la hauteur de la Tour
eft plus grande que fa diftance ; fi au contraire l'Alidade coupe
le cofté du quarré où eft marqué
Ombre verfe , la diftance de la
Tour eft plus grande que fa hauteur. Dans le premier cas l'Alidade fait avec l'Horifon un Angle de
45 degrez, Dans le fecond cas elle
fait avec le même Horifon un Angle plus ouvert que de 45 degrez,
& dans le troifiéme cas l'Alidade

s'inclinant davantage vers l'Horifon elle s'en approche, & fait avec luy un Angle moindre que de 45 degrez.

Ainfi la raifon pourquoy on a marqué Ombre droite fe long du cofté inferieur du quarré Geometrique parallele à l'Horifon, & Ombre verfe le long des coftez perpendiculaires, c'eft que le Soleil étant élevé plus que de 45 degrez fur l'Horifon, l'Ombre droite ou Horifontale des corps élevez perpendiculairement fur l'Horifon, eft moindre que leur hauteur, & l'Alidade coupant toûjours en ce cas le cofté inferieur du quarré Geometrique, ladite Ombre eft homologue au moindre cofté du Triangle, qui eft la partie du cofté du quarré coupé par l'Alidade, comme la hauteur de la Tour qu'on veut mefurer eft homologue au côté entier du quarré qui defcend du Centre de l'Aftrolabe ; car pour lors il fe forme un petit Triangle rectangle fur le quarré Geometrique tout femblable, & femblablement posé au grand qui se fait sur le Terrain ; mais lorsque le corps lumineux est moins élevé que de 45 degrez sur l'Horison, les Ombres horisontales sont plus longues que la hauteur des corps ; & l'Alidade coupant toûjours en ce cas le côté perpendiculaire du quarré Geometrique, la position du petit Triangle fait sur ledit quarré est renversée , & par consequent l'Analogie ; car l'ombre est proportionnelle au costé entier du quarré , comme la hauteur du corps à mesurer l'est au moindre costé du Triangle; supposant toûjours les corps élevez perpendiculairement, & les Plans sur lesquels sont mesurez les ombres & les distances de niveau, & Paralleles à l'Horison.

Le Treillis qui est au dessus du quarré Geometrique est divisé en plusieurs petits quarrez égaux, ses deux costez qui font un Angle droit au Centre sont premierement divisez en 12 parties égales, & chacune est subdivisée en 5.

On peut par son moyen trouver

le 4ᵉ terme proportionel de la Regle de trois, fans faire aucune mul-
tiplication ou divifion, & même
fans faire aucune diftinction des
Ombres droites ou verfes, puifque
l'on peut toûjours confiderer fur
ledit Treillis un petit Triangle femblable, & femblablement pofé au
grand Triangle, dont les coftez
font propofez à mefurer; & ce qui
rend fon ufage encore plus étendu,
c'eft que l'on peut faire valoir chacune de fes divifions & fubdivi-
fions tel nombre que l'on voudra,
ce qui fait qu'il ne fe prefentera
jamais aucun nombre de mefures
qui ne fe puiffe accommoder &
compter fur ledit Treillis. Le tout
comme il fera expliqué cy-aprés
en parlant de fes Ufages.

CHAPITRE

CHAPITRE SECOND.

Des Usages de l'Astrolabe Universel de Gemma Frison, & de celuy de Monsieur de la H I R E.

USAGE PREMIER.

Trouver le lieu du Soleil dans le Zodiaque.

AU dos de l'Astrolabe il y a un Cercle representant le Zodiaque divisé en ses 12 Signes, & chaque Signe en degrez & demy-degrez. Puis il y a 5 autres Circonferences de Cercles renfermans 4 Espaces, pour representer 4 années de suite, chacune divisée en ses 12 Mois, & chaque Mois en ses jours : Ces Années sont les 4 premieres du 18e Siécle 1701 , 1702, 1703, & 1704. & l'on peut sans er-

D

reur sensible les faire servir pendant tout le Siécle; sçavoir l'Espace exterieur & le plus éloigné du
Centre de l'Astrolabe, où est gravé le Nombre 4 vis-à-vis le commencement du Signe de ♈, peut
servir pour toutes les années bissextiles, comme sont 1704, 1708,
1712, 1716, 1720, &c. L'Espace suivant où est gravé le Nombre 1 peut servir pour toutes les
années, qui seront les premieres
aprés les bissextiles, comme seront
aprés l'année 1701, les années 1705,
1709, 1713, &c. L'Espace circu-
laire qui suit, où est gravé le Nombre 2, peut servir pour les années,
qui seront les Secondes aprés les
Bissextiles, comme aprés l'année
1702, seront les années 1706, 1710,
1714, &c. Enfin l'Espace interieur,
& le plus prés du Centre où est
gravé le Nombre 3, peut servir pour
toutes celles qui seront les troisié-
mes aprés les bissextiles, comme
seront aprés 1703, les années 1707,
1711, 1715, &c. Les années bissextiles sont de 366 jours, & les commu-

nes de 365 ; mais comme le jour qui fait le biſſextile eſt inſeré aprés le 24 Fevrier, l'année biſſextile commence à la fin du Mois de Fevrier, & finit à la fin du même Mois de l'année ſuivante.

La Regle du dos eſtant miſe ſur le jour du Mois propoſé, elle montrera au Cercle du Zodiaque le lieu du Soleil.

EXEMPLE.

On demande, quel eſt le lieu du Soleil le 10e d'Avril de l'an 1705 à l'heure de Midy pour le Meridien de Paris, je poſe la Regle ſur le 10e d'Avril de l'année marquée 1, parce qu'elle eſt la premiere aprés la biſſextile, & je vois au Cercle du Zodiaque, que le Soleil eſt au 20e degré, & environ 20 minutes d'y.

Si c'étoit à une autre heure, devant ou aprés Midy, ou pour quelque autre Meridien plus Oriental ou plus Occidental que celuy de Paris, il y auroit quelque difference, à cauſe que le Soleil par ſon mouvement propre parcourt environ un degré du Zodiaque en 24

heures d'Occident vers Orient, ce
qui revient à 2 min. & ½ par heure.

L'année Solaire, qui est le temps
que le Soleil employe à parcourir
les 12 Signes du Zodiaque, est de
365 jours 5 heures & 49 minutes ;
& comme les années Civiles communes ne sont que de 365 jours, elles
sont plus courtes que l'année Solaire de 5 heures & 49 minutes ; c'est-
pourquoy, si par les Ephemerides
de l'année 1700 je connois que le
Soleil est parvenu à l'Equinoxe de
Printemps le 20ᵉ de Mars à 2 heures
16 minutes aprés Midy, l'année suivante 1701 il y arrivera plus tard de
5 heures & 49 minutes, c'est-à-dire
à 8 heures & environ 5 minutes du
soir. L'an 1702 il y arrivera encore
plus tard de 5 heures & 49 minutes,
c'est à dire environ une heure &
54 minutes aprés Minuit du 21 Mars.
L'an 1703 il y arrivera encore 5 heures & 49 minutes plus tard , c'est à
dire environ 7 heures & 43 minutes
du matin dudit jour 21 Mars ; mais
l'année 1704 qui est bissextile , le
Mois de Fevrier estant de 29 jours ,

le Soleil arrivera à l'Equinoxe de Printemps le 20e de Mars, comme il avoit fait 4 ans auparavant, mais non pas à la même heure, parce qu'ajoûtant un jour de 4 en 4 ans, on ajoûte 44 m. de trop, il y arrivera donc 44 minutes plûtoft que l'année 1700, c'eft à dire à une heure environ 32 minutes aprés Midy.

Usage II.

Sçachant le lieu du Soleil dans le Zodiaque, trouver fa declinaifon, & le Parallele qu'il décrit ce jour-là.

CHerchez fur la ligne qui reprefente l'Ecliptique de l'Aftrolabe Univerfel le degré du Signe qui eft le lieu du Soleil, & voyez quel Parallele il coupe ; comptez enfuite fur le Meridien Exterieur le nombre des degrez compris entre l'Equateur & ce Parallele, vous aurez la declinaifon du Soleil pour le jour propofé.

D iij

EXEMPLE.

Le Soleil eſtant au 20ᵉ degré d'♈,
on demande ſa declinaiſon ; on
trouve que le Parallele qui coupe
ce degré de l'Ecliptique, correſ-
pond ſur le Meridien Exterieur au
8ᵉ degré de declinaiſon Septentrionale, quelques minutes moins.

USAGE III.

*Sçachant la declinaiſon du Soleil, trou-
ver ſon lieu dans le Zodiaque.*

Tournez la Regle ou Alidade,
de maniere qu'elle repreſente
vôtre Horiſon, c'eſt à dire, que le
Pole de l'Aſtrolabe ſoit élevé ſur ladite Regle d'autant de degrez que
le Pole du Monde eſt élevé ſur vôtre Horiſon : cherchez la hauteur
Meridiene du Soleil du jour propoſé, laquelle ſe connoît par la
declinaiſon, comme nous allons dire cy-après ; comptez les degrez de

ſadite hauteur ſur le Meridien Exterieur, commençant depuis la Regle, & allant vers l'Equinoxial ; la fin de ce compte marquera le Parallele que le Soleil décrit ce jour-là , & par même moyen ſon lieu dans le Zodiaque , ayant cependant égard à la Saiſon ou l'on eſt ; car deux degrez également éloignez de l'Equateur & des Tropiques ont la même declinaiſon, & le même Parallele.

EXEMPLE.

Dans la Saiſon d'Automne la declinaiſon du Soleil eſtant de 12 degrez Meridionale , on veut ſçavoir ſon lieu dans le Zodiaque. Je compte depuis le Pole Septentrional de l'Aſtrolabe 48 degrez, qui eſt la latitude du lieu où je ſuis ; & je poſe la Regle Horiſontale ſur ledit 48ᵉ degré , enſuite connoiſſant par ladite declinaiſon , qu'à tel jour la hauteur Meridiene du Soleil eſt de 30 degrez ſur l'Horiſon du lieu où je ſuis ; je compte depuis la Regle 30 degrez , allant vers l'Equinoxial &

au bout de ce compte je trouve le
Parallele du 1e degré de ♏ pour le
lieu du Soleil à tel jour.

REMARQUE.

Sçachant la latitude du lieu où
l'on est, & la declinaison du Soleil
l'on connoît sa hauteur Meridiene,
car si cette declinaison est Septentrionale, il faut l'ajoûter à la
hauteur Meridiene de l'Equateur,
laquelle est le complément de la latitude connuë, la somme sera la
hauteur Meridiene du Soleil. Mais
si la declinaison est Meridionale, il
faut la soustraire du même complement de la latitude, le reste est la
hauteur Meridiene du Soleil.

EXEMPLE.

Dans un lieu dont la latitude est
de 48 degrez, & par consequent la
hauteur Meridiene de l'Equateur
de 42. La declinaison du Soleil
étant de 12 degrez Septentrionale,
sa hauteur Meridiene est de 54 de-

grez. Mais si sa declinaison est de 12 degrez Meridionale, sa hauteur Meridiene est de 30 degrez sur l'Horison du lieu proposé.

***

USAGE IV.

Connoissant la hauteur Meridiene du Soleil, ou de quelque Etoile à un jour proposé, trouver la latitude du pays où l'on est.

JE suppose que l'on a une ligne Meridiene, tracée sur un Plan Horizontal, soit par le moyen de la Boussole ou autrement, & que l'on observe avec la Regle du dos de l'Astrolabe garnie de ses pinules, la hauteur de l'Astre lors qu'il passe par le Meridien.

Ayant trouvé le lieu du Soleil dans le Zodiaque par la premiere proposition, & sa declinaison par la deuxiéme, on aura le Parallele que le Soleil décrit ce jour-là. Remarquez à quel degré ce Paralle'e rencontre le Meridien Exterieur,

D v

& de ce degré éloignez-en la Regle vers le bas de l'Astrolabe, autant qu'est la hauteur Meridiene du jour proposé. La Regle ainsi placée represente l'Horison du lieu où vous estes, c'est pourquoy sa distance jusqu'au Pole en marque la latitude. On fera la même chose pour une Etoile fixe dont on connoît la declinaison, & par consequent le Parallele qu'elle décrit.

EXEMPLE.

Le vintiéme d'Avril on a trouvé la hauteur Meridiene du Soleil de 51 degrez ; on demande quelle est la latitude du lieu où s'est faite l'observation.

Je trouve par la premiere proposition, qu'à tel jour le lieu du Soleil est le dernier degré de ♈, & par la 2e proposition je trouve que sa declinaison est de unze degrez, puisque le Parallele de ce jour-là rencontre le unziéme degré du Meridien Exterieur. C'est pourquoy dudit unziéme degré j'éloigne la Regle vers le bas de l'Astrolabe de 51

degrez, qui eſt la hauteur Meridiene du jour propoſé, elle ſe trouve ſur le 40ᵉ degré au delà de l'E-
quateur, & la diſtance juſqu'au Pole eſt de 48 degrez, d'où je conclus,
que le Pole du Monde eſt élevé de
48 degrez ſur l'Horiſon du lieu où
s'eſt faite l'obſervation.

USAGE V.

*Trouver la hauteur du Pole du lieu où
l'on eſt, à tel jour & à telle heure
que ce ſoit.*

IL faut obſerver le Vertical du
Soleil, & ſon Almucantarat, &
pour cela il faut avoir la ligne Meridiene tracée ; car ayant élevé
perpendiculairement un ſtile ſur un
Plan Horiſontal, l'angle compris
par l'ombre de ce ſtile, & la Meridiene fait connoître le Vertical,
ou Azimuth du Soleil.

Meſurez ledit Angle, & remarquez ſi le Soleil eſt dans la partie
Orientale ou Occidentale ; obſer-

vez auffi avec l'Aftrolabe fa hauteur fur l'Horifon, qui eft fon Almucantarat ; cherchez enfuite le lieu du Soleil dans le Zodiaque par la 1ᵉ propofition; Sa declinaifon & le Parallele qu'il décrit ce jour-là par la deuxiéme; aprés quoy éloignez la Regle Horifontale du Pole de l'Aftrolabe d'autant de degrez que vous eftimez eftre la latitude du lieu, puis étendez le bout de l'Index pliant fur le Parallele que le Soleil décrit ce jour-là, & environ fur l'heure que vous croyez eftre ; enfin tenant ferme l'Index ainfi plié, tournez la Regle, & l'arreftez fur l'Equinoxial : que fi le bout de l'Index tombe fur le Vertical & fur l'Almucantarat du Soleil obfervé; on aura bien jugé de la latitude du lieu & de l'heure, finon il faut en faire une autre eftimation, & recommencer l'operation jufqu'à ce que le tout fe rapporte & convienne exactement.

La raifon de cette operation eft, parce qu'il y a même rapport de l'Horifon au Vertical & Almu-

cantarat du Soleil, qu'il y a de l'E-
quateur au Cercle horaire & au Parallele du jour. Car les Cercles
Verticaux ou Azimuts passent par
les Poles de l'Horison, & le coupent
à Angles droits, de même que les
Meridiens ou Cercles horaires paf-
fans par les Poles de l'Equateur le
coupent à Angles droits, & les Almucantarats font paralleles à l'Horison, de même que les Paralleles
des jours le font à l'Equateur.

USAGE VI.

*Connoître l'heure qu'il est par la hauteur
du Soleil.*

AYant observé la hauteur du
Soleil sur l'Horison, cherchez
son lieu dans le Zodiaque & le Parallele qu'il décrit ce jour là ; tournez la Regle, & l'arrestez selon l'é-
levation du Pole du lieu où vous
estes : Etendez ensuite le bout de
l'Index sur le Parallele du Soleil, &
sur l'heure que vous croyez estre;

Puis tenant l'Index ferme en cette
situation, tournez la Regle & l'arrestez sur l'Equinoxial ; que si pour
lors le bout de l'Index se trouve sur
la hauteur observée, il est telle heure qu'on l'a jugé ; mais si le bout de
l'Index marque l'élevation du Soleil moindre que celle qui a esté observée, il faut reporter la Regle sur
la hauteur du Pole du lieu, & étendre le bout de l'Index dans le Parallele du Soleil sur une autre heure plus approchante de Midy, & au
contraire il faut étendre le bout de
l'Index sur une autre heure plus
éloignée de Midy, si l'élevation du
Soleil paroît plus grande que celle
qui a esté observée, puis recommencer l'operation jusqu'à ce que la Regle estant arrestée sur l'Equinoxial,
le bout de l'Index se trouve juste
sur la hauteur du Soleil observée ;
quand cela sera ainsi, on aura la ve-
ritable heure Astronomique.

La raison de cette operation est
la même que celle de l'Usage precedent.

Usage VII.

Trouver les Ascensions droites de tous les degrez de l'Ecliptique.

L'Ascension droite d'un degré de l'Ecliptique est le degré de l'Equateur, qui monte avec luy sur l'Horison de la Sphere droite ; or tout Cercle horaire peut estre pris pour un des Horisons de la Sphere droite, c'est pourquoy ayant trouvé le degré de l'Equateur, qui se trouve avec un degré de l'Ecliptique dans quelque Cercle horaire, on a son Ascension droite. La moitié du Colure des Equinoxes passant par le premier point d'♈, est le terme par lequel on commence à compter les Ascensions droites, allant d'Occident vers Orient sur les Cercles Paralleles à l'Equateur, ou sur l'Equateur même.

EXEMPLE.

On demande l'Ascension droite du deuxiéme degré de ♉ ; il n'y a qu'à suivre le Cercle horaire passant par ce degré, on verra qu'il coupe le 30e degré de l'Equateur, qui est par conséquent son Ascension droite.

On peut aussi par même moyen sçavoir quel degré de l'Ecliptique correspond à tel degré d'Ascension droite. Cette proposition est la converse de la precedente.

Si l'on veut sçavoir combien de degrez de l'Equateur montent avec un Signe entier, il n'y a qu'à trouver l'Ascension droite du commencement dudit Signe, & l'Ascension droite de sa fin. On trouvera, par exemple, que tout le Signe entier de ♈ correspond à 28 degrez, quelques minutes moins de l'Equateur.

USAGE VIII.

Trouver l'Ascension oblique, & la difference Ascensionnelle de tous les degrez de l'Ecliptique pour toute latitude proposée.

ON appelle Ascension oblique d'un degré de l'Ecliptique, le degré de l'Equateur qui monte avec luy sur l'Horison de la Sphere oblique ; & la difference qu'il y a entre l'Ascension droite & l'Ascension oblique du même degré, s'appelle la difference Ascensionnelle.

Placez la Regle representant l'Horison oblique selon l'élevation du Pole du lieu où vous estes, cherchez ensuite le Parallele du degré de l'Ecliptique proposé ; remarquez le point où ce Parallele coupe la Regle Horisontale ; la distance du Cercle de 6 heures au Cercle horaire, passant par cette intersection, donne la difference Ascensionnelle, & l'on aura l'Ascension oblique du

même degré, en oſtant la difference Aſcenſionnelle de l'Aſcenſion
droite pour les 6 Signes Septentrionaux, ou ajoûtant la difference aſcenſionnelle à l'Aſcenſion droite
pour les ſix Signes Meridionaux.

EXEMPLE.

On demande l'Aſcenſion oblique
& la difference Aſcenſionnelle du
premier degré de ♉ pour la latitude de 48 degrez. Je poſe la Regle à l'élévation de 48 degrez, & je
remarque, que le point du Cercle
horaire où elle coupe le Parallele
du premier degré de ♉, eſt éloigné
du Cercle de 6 heures de 13 degrez,
qui eſt la difference Aſcenſionnelle
dudit degré, laquelle eſtant oſtée
de 28 degrez, qui eſt l'Aſcenſion
droite du même degré, reſte 15 degrez pour ſon Aſcenſion oblique.

USAGE IX.

*Connoissant la hauteur du Pole d'un lieu,
trouver la declinaison des Etoiles fixes.*

Observez la hauteur Meridiene de l'Etoile proposée, &
mettez la Regle à l'élevation du Pole, ensuite comptez depuis la Regle vers le haut de l'Astrolabe la
hauteur Meridiene observée, soit
vers le Midy, soit vers le Septen-
trion, le Parallele passant par la fin
de ce compte, sera le Parallele de
l'Etoile proposée, par le moyen
duquel on aura sa declinaison sur
le Meridien Exterieur.

EXEMPLE.

Dans un lieu où le Pole est élevé
de 48 degrez, si l'on observe la plus
grande hauteur Meridiene de l'E-
toile Polaire, sçavoir quand elle est
au dessus du Pole ; (car toutes les
Etoiles de perpetuelle apparition

ont chacune deux differentes hauteurs Meridienes) & que sa plus
grande hauteur Meridiene soit de
50 degrez , ayant posé la Regle horisontale à l'élevation de 48 degrez,
comptez les 50 degrez de hauteur
Meridiene de ladite Etoile sur le
Meridien Exterieur , en commençant depuis la partie Septentrionale de la Regle, à la fin de ce compte
vous rencontrerez le Parallele éloigné de l'Equateur de 88 degrez
qui est la Declinaison de l'Etoile proposée.

USAGE X.

Connoissant la longitude & latitude d'une Etoile , trouver son Ascension droite & sa Declinaison.

LE lieu d'une Etoile se peut connoître , ou par raport à l'E-
quateur, ou par raport à l'Ecliptique ; si par raport à l'Equateur, on
examine son ascension droite & sa
Declinaison, & par raport à l'E-

cliptique, on examine sa longitude
& latitude, tellement que la longitude & latitude d'une Etoile ont
même raport à l'Ecliptique que son
Ascension droite, & sa Declinaison
à l'Equateur.

Comptez sur l'Equateur que vous
prendrez en ce rencontre pour l'E-
cliptique, la longitude de l'Etoile
proposée, comptez aussi sa latitude
sur le Cercle horaire, passant par
le susdit degré de longitude vers le
haut, ou vers le bas, selon que la
latitude est Septentrionale ou Meridionale: Etendez le bout de l'Index jusqu'à ce point, & le tenant
ferme en cet estat, tournez la Regle, & l'arrestez le long de l'Ecliptique, le bout de l'Index marquera
l'ascension droite de ladite Etoile
sur le Cercle horaire, & sa declinaison sur le Parallele; car la Regle en cette situation avec son Index a le même raport à l'Ecliptique
qu'elle avoit auparavant avec l'E-
quateur, c'est pourquoy elle indi-
que le vray lieu de l'Etoile, aussi-
bien d'une façon que de l'autre.

Par ce moyen on pourroit marquer sur l'Astrolabe les plus considerables Etoiles.

USAGE XI.

Connoissant l'Ascension droite, & la declinaison d'une Etoile, connoître sa longitude & latitude.

AYant posé la Regle le long de l'Ecliptique, estendez le bout de l'Index sur le point d'intersection de l'Ascension droite, & de la declinaison de l'Etoile; ensuite l'Index estant arresté en cette situation, ramenez la Regle le long de l'Equateur, le bout de l'Index atteindra le Cercle horaire, que l'on prendra pour Cercle de longitude, & le Parallele, que l'on prendra pour Cercle de latitude.

Cette proposition est fort utile; car on peut connoître la declinaison d'une Etoile par sa hauteur Meridiene, & son ascension droite par le moyen d'une Horloge à pendule,

ou toute autre bien reglée; ou bien
par raport à une autre Etoile, dont
l'ascension droite est connuë, en
observant combien de temps se passe entre la mediation de l'une & de
l'autre, c'est à dire, combien de
temps l'une passe devant l'autre
sous le Meridien.

Le mouvement propre du Firmament se faisant autour des Poles
de l'Ecliptique, cela fait que la latitude des Etoiles est invariable,
puisque leur mouvement se fait sans
s'aprocher ny reculer de l'Ecliptique, mais leur longitude change
selon l'ordre des Signes tous les ans
d'environ 51 secondes; ce qui fait
17 minutes en l'espace de 20 ans,
& ce changement se fait également
pour toutes les Etoiles fixes. Il n'en
est pas de même de leurs declinaisons & Ascensions droites; car elles changent differemment selon
leurs differentes situations dans le
Ciel, quelquefois elles augmentent,
d'autrefois elles diminuent à raison
de l'obliquité que fait l'Ecliptique
avec l'Equateur. Ces changemens

sont cause que les anciens Globes,
aussi bien que les anciens Astrolabes, ne marquent plus exactement
le vray lieu des Etoiles dans le Ciel,
& que de temps en temps il en faut
refaire de nouveaux.

USAGE XII.

*Ayant observé la hauteur & le Vertical
d'une Etoile, marquer son lieu
dans le Ciel.*

METTEZ la Regle ou Alidade
le long de l'Equateur, &
cherchez dans les Cercles horaire
que vous prendrez pour Verticau
en ce rencontre, le Vertical de l'E-
toile proposée, sur lequel vou
compterez vers le haut de l'Astro
labe les degrez de son Elevatio
sur l'Horison: Etendez sur ce poin
le bout de l'Index, & le tenant fer
me en cette situation, tournez la
Regle selon l'élevation du Pole du
lieu où vous estes, le bout de l'Index marquera le Cercle horaire, &
la

la declinaison de l'Etoile , & par
consequent son lieu dans le Ciel.

Si l'on fait en même temps pareille observation sur deux Etoiles ,
on trouvera le lieu de chacune , &
les Cercles horaires , compris entre
le lieu de l'une , & celuy de l'autre ,
marquent la difference de leurs Ascensions droites , c'est pourquoy si
l'on connoît l'Ascension droite de
l'une , on aura celle de l'autre.

On aura le même si l'on connoît
la declinaison & la hauteur de chacune observée en même temps ;
Pour ce faire , mettez la Regle le
long de l'Equateur, étendez le bout
de l'Index sur le Parallele , qui
marque la hauteur de la premiere
Etoile ; tournez ensuite la Regle ,
& l'arrestez selon l'élevation du
Pole ; que si pour lors le bout de
l'Index marque la declinaison de
la même Etoile , on aura son vray
lieu , sinon recommencez l'operation , en alongeant ou racourcissant
le bras de l'Index le long dudit Parallele , jusqu'à ce que la Regle
estant reportée à l'élevation du Po-

E

le, le bout de l'Index marque juste-
ment la declinaison de ladite Etoile; faites en de même à l'égard de
la seconde Etoile, & vous aurez le
lieu de chacune dans le Ciel, &
par même moyen que cy-devant
la difference de leurs Ascensions
droites.

La raison de cette operation est,
que la Regle estant le long de l'E-
quateur pris pour Horison, si l'on
compte la hauteur de l'Etoile, on
trouve un point, qui par rapport
à l'Equateur a la même situation
que le lieu de l'Etoile a par raport à
l'Horison; & comme l'Index demeure ferme dans la même situation, sa pointe conserve toûjours le
même raport à la Regle, soit qu'elle represente l'Equateur, soit qu'elle represente l'Horison.

USAGE XIII.

Connoissant l'Ascension droite, & la declinaison d'une Etoile, trouver l'Ascension droite, la declinaison, la longitude & latitude de la Lune, avec la distance de ses Nœuds.

AYant connu la declinaison de l'Etoile, & observé son élevation sur l'Horison, marquez son vray lieu par la precedente proposition ; observez de même le Vertical de la Lune, & son élevation sur l'Horison que vous corrigerez, en y ajoûtant sa Parallaxe ; & par ce moyen vous aurez aussi son lieu : Ainsi vous connoîtrez premierement le Parallele à l'Equateur qu'elle décrit par son mouvement diurne, & par consequent sa declinaison ; les Cercles horaires compris entre le lieu de l'Estoile, & celuy de la Lune feront connoître la difference de leurs Ascensions

droites, & par ce moyen vous connoîtrez l'Ascension droite de la Lune ; ensuite vous trouverez sa longitude & latitude par la 11ᵉ proposition, & par sa latitude vous
connoîtrez la distance de ses Nœuds
de la maniere suivante.

L'Orbite de la Lune estant incli-
née à l'Ecliptique de 5 degrez, la
coupe en deux points que l'on appelle ses Nœuds, dont celuy par lequel la Lune passe vers la partie
Septentrionale se nomme Teste du
Dragon, & l'autre par lequel elle
repasse vers la partie Meridionale,
est nommée Queuë du Dragon.
Eloignez la Regle (qui en ce cas
represente l'Orbite de la Lune) de
l'Equateur representant l'Ecliptique de cinq degrez, qui est sa plus
grande latitude : Remarquez en
quel point ladite Regle coupe le
Parallele éloigné de l'Equateur
d'autant de degrez qu'est la latitude de la Lune, le Cercle horaire
passant par ce point, marquera sur
l'Equateur de combien de degrez

elle est éloignée de ses Nœuds, en prenant le Centre de l'Astrolabe pour un desdits Nœuds.

USAGE XIV.

Sçachant le Parallele diurne que parcourt un Astre, trouver son Amplitude Orientale ou Occidentale.

L'Amplitude Orientale d'un Astre est l'arc de l'Horison compris entre le lieu où il se leve, & le lieu où se leve le Soleil au temps de l'Equinoxe, que l'on nomme le Point du vray Orient, & qui est un des Poles du Meridien.

Posez la Regle selon la latitude du lieu où vous estes, & comptez les degrez de la Regle, compris entre le Centre de l'Astrolabe & le point où elle coupe le parallele de l'Astre ; vous aurez son Amplitude Orientale. Si la Regle n'est pas divisée, il faut y faire une petite marque, & la tourner jusques sur la ligne droite, qui s'étend d'un

Pole de l'Astrolabe à l'autre, le Parallele que cette marque atteindra, donnera l'Amplitude Orientale de l'Astre. Par exemp. Si l'on demande l'Amplitude Orientale du Soleil, estant au 20ᵉ degré des ♊ , pour la latitude de 48 degrez, faites ce qui vient d'estre dit, & vous trouverez 36 degrez. L'Amplitude Occidentale est égale à l'Orientale.

USAGE XV.

Connoissant la declinaison d'un Astre, & son amplitude Orientale, trouver la latitude du lieu où l'on est.

Comptez sur la Regle l'Amplitude Orientale de l'Astre connuë, ou par observation, ou autrement : Si elle est d'hyver, comptez-la vers le Tropique de ♑ en la partie Meridionale ; mais si elle est d'Esté, comptez-la vers le Tropique de ♋ en la partie Septentrionale. Tournez ensuite la Regle jusqu'à ce que le degré d'Am-

plitude Orientale marqué tombe
fur le Parallele de la declinaifon de
l'Aftre, pour lors la diftance de la
Regle au Pole de l'Aftrolabe vous
marquera la latitude du lieu où
vous eftes.

Cette propofition eft fort utile
dans les voyages de Mer.

Si par exemple on a obfervé l'amplitude Orientale du Soleil, eftant
au premier degré de ♍, & qu'on
l'ait trouvé de 18 degrez, marquez
fur la Regle le 18 degré, & la tournez jufqu'à ce que ce degré d'amplitude touche le Parallele dudit
premier degré de ♍, ce qu'eftant
fait, on trouvera que la Regle en
cette fituation fera éloignée du Pole de 49 degrez, qui fera par confequent la latitude du lieu où s'eft
faite l'obfervation.

Pour obferver l'amplitude Orientale ou Occid. des Aftres avec l'A-
ftrolabe, placez cet Inftrument horifontalement, en forte que la planche du dos foit deffus, & que le Diametre du cercle qui paffe par le premier point de ♋ & de ♑ foit parallele

à la Meridiene du Monde ; En cette situation l'autre Diametre qui passe par le commencement de ♈ & ♎, conviendra avec la ligne d'Orient & de l'Occident de l'Equinoxe ; tournez ensuite l'Alidade avec ses pinules, jusqu'à ce que vous voyez l'Astre proposé sur le bord Oriental de l'Horison , & comptez les degrez compris depuis le lever ou coucher Equinoxial jusqu'au point de l'Horison , où l'Astre paroit en se levant ou se couchant , & vous aurez son Amplitude.

USAGE XVI.

Connoître l'Arc diurne que décrit un Astre pour une latitude proposée.

Mettez la Regle selon l'Elevation du Pole du lieu , & remarquez le Cercle horaire qui passe par l'intersection de la Regle & du Parallele, que l'Astre décrit le jour proposé, la distance du Me-

ridien à ce Cercle horaire eſt l'Arc
ſemi-diurne, lequel eſtant doublé
donne l'Arc diurne de l'Aſtre, ou
la longueur du temps qu'il employe
à paſſer d'Orient en Occident ſur
l'horiſon du lieu au jour propoſé.

EXEMPLE.

Si on demande l'Arc diurne que
décrit le Soleil quand il eſt au Tropique de ♋ pour la latitude de 48 d.
poſez la Regle horiſontale à ladite
latitude, vous verrez que le Cercle
horaire paſſant par l'interſection de
la Regle & dudit Tropique eſt éloigné du Meridien Exterieur de 120
degrez, leſquels à raiſon de 15 par
heure font 8 heures, dont le double
16 eſt l'Arc diurne du Soleil, &
par conſequent 8 heures pour ſon
Arc nocturne, par où l'on voit qu'à
tel jour il ſe leve à 4 heures du matin, & ſe couche à huit heures
du ſoir.

USAGE XVII.

Trouver le commencement de l'Aurore, & la fin du Crepuscule du soir à tel jour qu'on voudra pour une latitude proposée.

LEs Astronomes ont reconnu par leurs observations, que l'Aurore commence quand le Soleil est 18 degrez au dessous de l'Horison, ce qui n'a pas esté difficile à remarquer ; car ayant observé la hauteur d'une Etoile, dont on connoît la distance au Soleil, on trouve en quel Cercle horaire est le Soleil, & de combien il est pour lors abaissé sous l'Horison. C'est pourquoy voulant sçavoir la quantité du Crepuscule ou de l'Aurore, cherchez par la precedente proposition, à quelle heure le Soleil se leve ce jour-là, puis abaissez la Regle 18 degrez au dessous de l'élevation du Pole proposée, le Cercle horaire passant par l'intersec-

tion de la Regle & du Parallele que
le Soleil décrit ce jour là , vous
marque l'heure du commencement
de l'Aurore, dont la durée est égale à celle du Crepuscule du soir.

USAGE XVIII.

Sçachant la durée du plus long jour d'un
Pays , trouver sa latitude.

PRenez la moitié de la quantité du plus long jour , comme
si on le suppose de 16 heures , sa
moitié est 8, cherchez le point de
commune section du Tropique de
♋ & du Cercle horaire éloigné de
8 heures , ou de 120 degrez du Meridien , mettez la Regle sur ce
point , elle montrera sur le Meridien Exterieur la latitude du lieu,
comme en cet Exemple de 48 degrez.

Cette proposition est utile pour
determiner les Climats.

USAGE XIX.

Trouver à quelle heure du jour ou de la nuit une Etoile se leve ou se couche, & à quelle heure elle passe par le Meridien.

TRouvez premierement l'Ascension droite du Soleil, & celle de l'Etoile, aussi bien que sa declinaison, afin de voir en quel Cercle horaire se leve l'Etoile, depuis lequel vous compterez autant de Cercles horaires qu'est la difference entre leurs Ascensions droites de l'Orient allant vers l'Occident, si l'Ascension droite du Soleil est moindre que celle de l'Etoile ; & au contraire d'Occident vers Orient si elle est plus grande ; la fin de ce compte marquera l'heure du lever de l'Etoile. Faites la même chose pour son coucher.

On peut trouver par le même moyen à quelle heure une Etoile passe par le Meridien.

USAGE XX.

Connoître quelles sont les Etoiles qui ne se couchent point pour une latitude proposée, quelles autres n'y sont jamais visibles, & quelles Etoiles y sont Verticales.

AYant mis la Regle selon la latitude du lieu, toutes les Etoiles, dont les paralleles entiers sont au dessus de la Regle sans la toucher, ne se couchent point, & y sont de perpetuelle apparition; au contraire les Etoiles dont les Paralleles entiers sont au dessous de la Regle ne s'éleveront jamais sur l'Horison.

Les Etoiles, dont la declinaison est égale à la hauteur du Pole sur l'Horison vers la même partie du Monde, c'est à dire Septentrionale, si le Pole est Septentrional, luy seront Verticales, & passeront par son Zenit, lors qu'elles atteindront le Meridien, dont la raison est, que

la latitude d'un lieu est la distance de son Zenit à l'Equateur, laquelle est toûjours égale à l'élevation du Pole. Et les Etoiles, dont
la declinaison Meridionale est égale au complement de l'élevation
du Pole, ne s'élevent jamais sur
l'Horison de nos Regions Septentrionales.

Tout cela se peut connoître par
l'Astrolabe, aussi bien que la durée des jours & des nuits dans les
Regions Polaires, c'est-à-dire,
combien le Soleil y fait de revolutions diurnes continuelles, ou
combien ils ont de jours sans nuits,
& de nuits sans jours.

USAGE XXI.

*Connoître le lever & coucher des Etoi-
les, Cosmique, Achronique,
& Heliaque.*

ON appelle lever Cosmique d'u-
ne Etoile lors qu'elle se leve
le matin en même temps que le Soleil, ce que l'on connoît facile-

ment en sçachant l'Ascension oblique de l'Etoile, & quel degré de
l'Ecliptique se leve avec la même
Ascension oblique.

Le coucher Cosmique d'une Etoile, est quand elle se couche le matin en même temps que le Soleil se
leve: ce que l'on trouve en cette
sorte ; cherchez la descension oblique de l'Etoile, cherchez aussi le
degré de l'Ecliptique, qui descend
avec la même descension oblique,
lorsque le Soleil sera dans le degré
opposé, l'Etoile se couchera cos-
miquement.

Le lever Achronique d'une Etoile, est lors qu'elle se leve le soir en
même temps que le Soleil se couche ; pour le trouver, cherchez le
degré de l'Ecliptique, qui se leve
en même temps que l'Etoile, quand
le Soleil sera dans le degré opposé, l'Etoile se levera Achroni-
quement.

Le coucher Achronique d'une
Etoile, est lors qu'elle se couche le
soir en même temps que le Soleil,
pour le trouver, cherchez le de-

gré de l'Ecliptique, qui se couche en même temps que l'Etoile.

Le coucher Heliaque, est lors qu'une Etoile qu'on a veüe pendant quelque temps le soir aprés le coucher du Soleil, commence à disparoître, à cause qu'elle approche des Rayons du Soleil.

Le lever Heliaque, est lors qu'une Etoile qui ne paroissoit pas le matin avant le lever du Soleil, commence à se faire voir, & sortir de ses Rayons, parce qu'il s'est éloigné d'elle suffisament par son mouvement propre vers l'Orient. Les Etoiles demeurent cachées, ou envelopées dans les Rayons du Soleil, plus ou moins de temps, à proportion qu'elles sont plus ou moins lumineuses. Celles qui le sont moins ne peuvent estre veuës & dégagées de ses Rayons qu'elles n'en soient éloignées de 17 degrez ; mais il suffit aux Etoiles de la premiere grandeur d'en estre éloignées de 12, & la Planete de Venus seulement de 5.

USAGE XXII.

Trouver l'heure de la Nuit par les Etoiles.

AYant trouvé la Declinaison & l'Ascension droite d'une Etoile, observez son élevation sur l'Horison : Par son élevation, & sa declinaison, vous sçaurez en quel Cercle horaire elle se trouve ; comparez ensuite l'Ascension droite du Soleil avec celle de l'Etoile, ostez la moindre de la plus grande, pour avoir leur difference, & connoître combien le Cercle horaire de l'Etoile est éloigné de celuy, où se trouve pour lors le Soleil : Si l'Ascension droite du Soleil est la plus grande, cette difference doit estre comptée du Couchant vers l'Orient ; mais si elle est plus petite, on la compte d'Orient vers Occident.

EXEMPLE.

Supposé que la nuit du 23 de Septembre, le Soleil estant au commencement de ♎, dont l'Ascension droite est de 180 degrez, on remarque l'Etoile fixe, nommée Arcturus, dont l'Ascension droite est de 210 degrez, & la Declinaison Septentrionale de 20 degrez 46 minutes, & qu'on la trouve par observation élevée sur l'Horison de 13 degrez dans la partie Occidentale; ostant les 180 degrez d'Ascension droite du Soleil de 210, qui est celle de l'Etoile, on connoît que le Soleil est plus Occidental de 30 degrez que ladite Etoile, & comme par le moyen de l'Astrolabe on la trouve pour lors dans le Cercle horaire de 6 heures, on conclut qu'il est 8 heures du soir.

USAGE XXIII.

Trouver les heures Italiques, Babyloniques, & Planetaires.

AYant connu l'heure Astronomique de Jour ou de Nuit ; si elle est avant Midy, ajoûtez-y l'Arc seminocturne, vous aurez l'heure Italique ; si c'est aprés Midy, ajoûtez-y encore 12 heures, & si le produit des trois Nombres surpasse 24, ostez-en ce nombre, le reste sera l'heure Italique. Qu'il soit par exemple 6 heures du matin, dans un temps où la Nuit est de 10 heures, & le Jour de 14, ajoûtez l'Arc seminocturne, qui est 5, avec les 6 heures Astronomiques, vous aurez 11 heures Italiques : S'il est 3 heures aprés Midy, ajoûtez 5, 3, & 12, vous aurez 20 heures Italiques ; mais s'il est 10 heures du soir, ajoûtez 5, 10 & 12, le produit est 27, dont ayant osté 24, reste 3 heures Italiques.

Pour avoir l'heure Babylonique, si c'eſt aprés Midy, ajoûtez l'Arc ſemidiurne à l'heure Aſtronomique; mais ſi c'eſt avant Midy, ajoûtez-y encore 12, & ſi le nombre ſurpaſſe 24, oſtez-les, le reſte ſera l'heure Babylonique.

Les heures Inégales ou Planetaires, diviſent l'Arc diurne en 12 parties égales, auſſi-bien que l'Arc nocturne; c'eſt pourquoy diviſant l'Arc ſemidiurne en 6 parties égales, on aura la durée de chaque heure Planetaire; ainſi, par exemple, le jour eſtant de 14 heures, & la nuit de 10, ſi vous diviſez 7 par 6, vous aurez une heure $\frac{1}{6}$, ou 10 minutes pour chaque heure Planetaire du jour, & par conſequent 1 heure moins 10 minutes pour chaque heure Planetaire de la nuit; diviſez enſuite le nombre des heures écoulées, depuis le lever du Soleil, par la durée de chaque heure Planetaire; Ainſi par exemple, le Soleil ſe levant à 5 heures, s'il eſt 8 heures $\frac{1}{2}$ du matin, diviſez 3 $\frac{1}{2}$, qui ſont paſſées depuis le lever du So-

leil par 1 heure $\frac{1}{6}$, vous aurez 3 heures Planetaires accomplies.

USAGE XXIV.

*Trouver à toute heure le degré de l'E-
cliptique qui est au milieu du Ciel,
ou qui touche le Meridien.*

AYant trouvé l'heure & l'Afcenfion droite du degré où eft
le Soleil ; fi c'eft avant Midy, oftez
de ladite Afcenfion droite fa diftance au Meridien convertie en degrez,
le refte fera l'Afcenfion droite du
degré de l'Ecliptique , qui eft au
milieu du Ciel ; mais fi c'eft aprés
Midy, ajoûtez à l'Afcenfion droite du Soleil fa diftance au Meridien , la fomme fera l'Afcenfion
droite du degré de l'Ecliptique qui
eft au milieu du Ciel.

USAGE XXV.

Trouver à toute heure la hauteur du Soleil sur l'Horison de tous les lieux, dont on connoît la latitude.

AYant mis la Regle selon la latitude du lieu, étendez la pointe de l'Index à l'intersection du Parallele du Soleil, & du Cercle horaire ; ensuite ramenez la Regle le long de l'Equateur avec l'Index, le Parallele que sa pointe touchera, vous marquera la hauteur du Soleil, à l'heure & au jour proposé.

Faisant la même chose pour chaque heure & chaque Parallele, vous pourrez construire une Table des hauteurs du Soleil sur l'Horison pour la construction des Quadrans Cylindriques, Anneaux, Quarts de Cercle, & autres.

On peut faire de même pour quelque Etoile que ce soit dont on connoît la declinaison, & par conse-

quent le Parallele qu'elle décrit ; &
comme la declinaison des Etoiles
change peu par chaque année , on
en pourroit faire une Table qui ser-
viroit long-temps.

USAGE XXVI.

Trouver en tout temps le Vertical du
Soleil & des Etoiles.

SI par exemple, on demande en
quel Vertical se trouve le Soleil à 7 heures du matin lors qu'il
décrit le Tropique de ♋. Ayant mis
la Regle selon la latitude du lieu ;
étendez la pointe de l'Index à l'intersection dudit Tropique , & du
Cercle de 7 heures , ensuite tenant
l'Index en cette situation , ramenez
la Regle le long de l'Equateur , la
pointe de l'Index marquera le Vertical où est le Soleil , au jour & heure proposez ; la raison de cette operation , & de celle de la proposition
precedente est facile à comprendre,
par ce qui a esté dit cy-devant.

On pourroit par ce moyen dreſſer une Table des Verticaux du Soleil pour chaque heure & chaque Parallele des Signes, laquelle ſerviroit pour la conſtruction des Cadrans Azimutaux.

On peut faire de même pour quelque Etoile que ce ſoit, dont on connoît la declinaiſon ; & par conſequent le Parallele qu'elle décrit.

Par cette propoſition & la precedente on peut ſçavoir combien le Soleil, ou tout autre Aſtre eſt élevé ſur l'Horiſon en chaque Cercle Vertical, à tel jour & heure qu'on ſouhaite, & pour toute latitude propoſée.

USAGE XXVII.

Trouver à toute heure la Ligne meridiene.

AYant connu par la precedente propoſition le Vertical du Soleil, c'eſt-à-dire, combien le Vertical où il ſe trouve pour lors eſt éloigné

éloigné du Meridien vers l'Orient ou l'Occident ; mettez un style perpendiculaire au Centre de l'Astrolabe, ou de tout autre Cercle posé horisontalement ; comptez sur le Meridien Exterieur la distance dudit Vertical au Meridien du lieu, depuis l'Equateur vers la gauche, ou vers la droite, selon que le Vertical sera du côté d'Orient ou d'Occident ; mettez ensuite la Regle sur ce point, & tournez l'Astrolabe posé horisontalement, jusqu'à ce que l'ombre du style perpendiculaire tombe le long de la Regle, ce qu'étant fait l'Equateur de l'Astrolabe conviendra exactement avec la ligne Meridiene. Au lieu de style on peut se servir de l'ombre que fait une des pinules le long de la Regle.

La raison de cecy est, que pour lors l'Equateur est éloigné de l'ombre du style, d'autant de degrez que le Vertical trouvé est éloigné du Meridien ; or l'ombre est dans le Plan même du Vertical, donc l'Equateur est dans le Plan du Meridien.

Ayant la Meridiene, on trouve-

ra la declinaison de l'Eguille ai-
mantée en examinant l'Angle que
fait ladite Eguille avec la Meridiene.

USAGE XXVIII.

Connoissant la longitude & latitude de deux Etoiles, determiner leur distance.

SOit proposée, par exemple, la
queuë du Lion, dont la longitu-
de est de 165^d 27', la latitude Septentrionale de 11^d 50', & Arcturus,
dont la longitude est de 197^d 57', la
latitude semblablement Septentrio-
nale de 31^d 30', la difference de leur
longitude est donc 32^d. 30, prenant
l'Equateur de l'Astrolabe pour l'E-
cliptique, & le Meridien pour Cercle de longitude de la queuë du
Lion, sur lequel vous compterez sa
latitude, qui est 11^d. 50' : mettez la
Regle sur ce point, comptez ensui-
te sur l'Equinoxial 32^d 30' pour la
difference des longitudes de ces

deux Etoiles , le Cercle horaire
paſſant par ce point , ſera le Cercle
de longitude d'Arcturus , & comptant ſur ce Cercle dans la même
partie Septentrionale 31$_d$. 30^t , qui
eſt la latitude de cette Etoile, étendez ſur ce point le bout de l'Index ,
puis tournez la Regle , & l'arreſtez
ſur le Pole, ce qu'étant fait, la pointe de l'Index touchera un Cercle
horaire , dont l'Arc juſqu'au Pole
marquera la diſtance d'Arcturus à
la queuë du Lion.

La raiſon de cette operation eſt ,
que le lieu de la queuë du Lion
étant marqué ſur le Meridien par le
bout de la Regle , & celuy d'Arcturus pareillement marqué ſur un
Cercle horaire par la pointe de l'Index ; ſi l'on conçoit un grand Cercle , paſſant par les lieux de ces 2
Etoiles , l'Arc de ce grand Cercle
compris entre ces deux points eſt
leur diſtance ; c'eſt pourquoy ayant
tranſporté la Regle ſur le Pole, comme l'Index conſerve toûjours ſa
même ſituation avec la Regle ; il
s'enſuit que l'Arc du Cercle ho-

raire, compris entre le Pole (où est le bout de la Regle) & la pointe de l'Index marque la distance de ces deux Etoiles.

Il s'ensuit de cette proposition, que l'on peut aussi trouver la distance de deux Etoiles, dont l'Ascension droite, & la declinaison sont connuës, ou bien leurs Verticaux & Almucantarats.

On peut aussi par même moyen connoître la distance de deux Villes, dont les longitudes & latitudes sont données.

USAGE XXIX.

Connoissant la longitude & latitude d'une Etoile, la latitude d'une autre, avec leur distance, trouver sa longitude,

CEtte proposition est la converse de la precedente ; mais on n'en vient à bout qu'en tâtonant. Soit pour exemple la longitude de la queuë du Lion 165 degré 27', sa

latitude Septentrionale 11 d. 50',
soit aussi la latitude d'Arcturus 31 d.
30' la distance entre ces deux Etoiles soit de 41 d. Appliquez la Regle
sur le Pole, étendez le bout de l'Index à 41 d. de distance dudit Pole
sur le Cercle horaire que vous ju-
gerez à propos ; ensuite ayant
compté sur le Meridien 11 d. 50',
qui est la latitude de la queuë du
Lion, mettez-y la Regle, si la pointe de l'Index tombe sur le Parallele de la latitude d'Arcturus, sçavoir 31 deg. 30', vous aurez par le
moyen du Cercle horaire la difference des longitudes de ces 2 Etoiles, sinon il faut recommencer l'o-
peration, remettant la Regle sur le
Pole, & étendant le bout de l'Index sur un autre Cercle horaire plus
proche, ou plus éloigné de la
Regle.

Connoissant l'Ascension droite,
& la declinaison d'une Etoile, avec
la declinaison d'une autre, & leur
distance, on peut par même moyen
connoître la difference de leurs Ascensions droites.

F iij

Connoiſſant le Vertical & l'élevation d'une Etoile, avec l'élevation
d'une autre; & leur diſtance,
on peut auſſi connoître la difference de leurs Verticaux.

USAGE XXX.

Trouver l'Angle de poſition de deux Lieux.

L'Angle de poſition d'un lieu à
l'égard d'un autre, eſt l'Angle
que fait un grand Cercle, paſſant
par ces deux lieux avec le Meridien
de l'un des deux.

Soit par exemple, les Villes de
Rome & de Paris, la longitude de
Paris eſt 20^d 30' ſa latitude 48^d 51',
la longitude de Rome 31 d. ſa latitude 41 d. 51'. Prenant le Meridien
Exterieur de l'Aſtrolabe pour celuy
de Paris, mettez la Regle ſur le
48^d 51' qui eſt ſa latitude, cherchez
ſur l'Equateur la difference de leur
longitude, qui eſt 10^d 30'. Pour avoir
le Meridien de la Ville de Rome,

suivez ce Cercle horaire jusqu'à 41ᵈ 51″, qui est la latitude de Rome, & sur ce point étendez le bout de l'Index, tournez ensuite la Regle sur le Pole, vous aurez l'Angle de position de ces deux Villes, en comptant combien le Meridien où est la Regle, est éloigné du Cercle horaire où est le bout de l'Index, ainsi on connoîtra quel Angle font ces deux Cercles.

USAGE XXXI.

Trouver l'Ascension droite & Declinaison d'une Comete, comme aussi la longitude & latitude.

Ayant trouvé par la 24 proposition le degré de l'Ecliptique, qui est au Meridien à l'heure proposée, observez par les 25 & 26ᵉˢ, la hauteur de la Comete sur l'Horison, & son Vertical ; mettez ensuite la Regle horisontale le long de l'Equateur, & le bout de l'Index à l'intersection du Vertical & de l'Al-

mucantarat ; puis ayant ramené la
Regle à l'élevation du Pole du lieu,
le bout de l'Index marquera la declinaison de la Comete par le Parallele qu'il touchera. : Il marquera
aussi le Cercle horaire de la Comete, c'est-à-dire, sa distance du Cercle de Midy, laquelle distance ajoûtée à l'Ascension droite du degré de
l'Ecliptique, qui est au milieu du
Ciel, si la Comete est du costé d'O-
rient ; ou soustraite, si elle est du
costé d'Occident, donnera l'Ascension droite de la Comete, & l'on
trouvera par consequent sa longitude & latitude. Par ce même
moyen on pourra sçavoir combien
de degrez occupe toute son éten-
due, en faisant cette operation sur
ses deux extremitez.

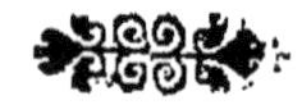

USAGE XXXII.

*Connoître les Angles que fait l'Eclipti-
que avec le Meridien, & les autres
Cercles horaires.*

IL faut premierement sçavoir,
que 2 grands Cercles s'entre-
coupans font 4 Angles, dont les 2
oppofez par le fommet font égaux
entre-eux, & les deux Angles voi-
fins, ou de fuite font égaux enfemble à deux droits ; c'eft-pourquoy
il fuffit d'en connoître un des quatre pour les connoître tous.

Il faut fçavoir en fecond lieu, que
lorfque le premier point de ♋, ou
de ♑ fe trouve fous le Meridien,
l'Ecliptique fait 4 Angles droits
avec le Meridien ; mais tous les autres dégrez de l'Ecliptique fe trou-
vans fous le Meridien, il fe fait 4
Angles obliques, fçavoir 2 aigus &
& 2 obtus, tous les degrez de l'Ecliptique, depuis le figne de ♑ jufqu'au
figne de ♋, font un Angle aigu avec

le Meridien, du costé de l'Hemifphere Septentrional Oriental , &
ceux depuis le Signe de ♋, jufqu'au
Signe de ♑, font l'Angle aigu du côté Meridional Oriental ; il faut entendre la même chofe de tous les
autres Cercles horaires.

Cela fuppofé, fi l'on propofe le
9ᵉ degré de ♉, lequel eft éloigné
de l'Equinoxe du Printemps de 39
degrez , comptez 39 degrez fur le
Cercle Polaire, en commençant depuis le Meridien, & mettez la Regle fur ce degré, elle montrera fur le
Meridien 71 degrez 20 minutes pour
l'Angle que fait l'Ecliptique avec
le Meridien, lorfque le 9ᵉ degré de ♉
eft fous le Meridien.

AUTREMENT.

SOIT encore propofé le même
neuviéme degré de ♉ dont la declinaifon eft 14ᵈ 30', comptez fur
la Regle, depuis le bord de l'Aftrolabe, allant vers le Centre , lefdits
14ᵈ 30', comptez auffi fur les Paralleles, depuis le Pole, allant vers
l'Equateur 23 d. 30', qui eft la plus

grande declinaison de l'Ecliptique;
ensuite tournez la Regle jusqu'à ce
que le degré que vous y aurez marqué se trouve sur le Parallele éloigné du Pole de 23 d. 30', c'est-à-dire, sur le Cercle Polaire, la Regle
en cet état marquera sur le Meridien 71 d. 20'.

TROISIÉME MANIERE.

SOIT proposé le 7.e d. 40' de ♋,
lequel est éloigné de l'Equinoxe
d'Automne de 82 d. 20', comptez
ces degrez sur la Regle, allant du
Centre vers la circonference, étendez sur ce point de la Regle le bout
de l'Index, & cherchez l'Ascension
droite du 7 d. 40' de ♋, qui se trouve de 82 d. comptez ces degrez d'Ascension droite depuis l'Equateur,
allant vers le Pole entre les Paralleles, les prenant pour Cercles d'Ascensions droites : Enfin tournez la
Regle jusqu'à ce que le degré que
vous y avez marqué se trouve sur le
82 Parallele, la Regle marquera sur
le Meridien Exterieur 86 d. 20' pour
l'Angle que fait l'Ecliptique avec

F vj

le Meridien, lorſque le 7ᵉ d. 40' do
♋ eſt ſous le Meridien.

USAGE XXXIII.

*Trouver en tout temps quel degré de
l'Ecliptique ſe leve.*

CHerchez 1°. le degré qui eſt
ſous le Meridien à l'heure propoſée, & par la precedente propoſition l'Angle que fait l'Ecliptique avec le Meridien ; comptez
ſur le Meridien Exterieur de l'A-
ſtrolabe, depuis le Pole, allant
vers l'Equateur, la hauteur de ce
degré ſur l'Horiſon que l'on connoît facilement par ſa declinaiſon, & la latitude du lieu, &
mettez ſur ce point la Regle Horiſontale ; comptez enſuite ſur l'E-
quateur les degrez de l'Angle que
fait l'Ecliptique avec le Meridien,
allant de l'extremité vers le Centre, marquez l'interſection de la
Regle & du Cercle horaire, paſſant
par ce degré de l'Equateur, les de-

grez de ce Cercle horaire, compris
depuis la Regle jufqu'au Pole, marquent la diftance du degré qui eft
au milieu du Ciel jufqu'au degré de
l'Ecliptique , le plus proche qui
touche le bord de l'Horifon. Car il
faut remarquer que le Meridien ne
coupe pas en deux parties égales la
moitié de l'Ecliptique qui eft fur
l'Horifon, fi ce n'eft quand le Meridien & l'Ecliptique fe coupent à
Angles droits : Si quelqu'un des degrez compris entre le premier de ♉,
& le premier de ♋, eft fous le Meridien, le degré de l'Ecliptique qui fe
couche en eft le plus voifin ; & au
contraire, fi quelqu'un des degrez,
compris entre le premier de ♋, &
le premier de ♉ eft fous le Meridien,
le degré de l'Ecliptique qui fe leve,
en eft le plus proche.

Soit pour exemple le 9ᵉ degré de
♌, fous le Meridien à la latitude de
40 degrez ; on demande , quel degré de l'Ecliptique fe leve, fa hauteur Meridiene eft de 68 degrez,
parce que fa declinaifon eft Septentrionale de 18 degrez : l'Angle que

fait l'Ecliptique avec le Meridien,
est de 74. d. 40'. Comptez du Pole
vers l'Equateur 68 degrez ; & ayant
appliqué la Regle sur ce point,
comptez sur l'Equateur, allant de
l'extremité vers le centre 74ᵈ 40',
suivez le Cerle horaire, qui passe
par ce degré jusqu'à l'intersection
de la Regle ; depuis ce point d'intersection jusqu'au Pole il y a 83 d.
30', c'est pourquoy le 9ᵉ degré du
♌ estant sous le Meridien, la distance de ce point au degré de l'Ecliptique qui touche le bord Oriental de
l'Horison, est de 83ᵈ 30'. C'est donc
le 2ᵉ d. 30' de ♏, qui se leve pour
lors, & que l'on appelle Ascendant,
ou Horoscope, & par consequent le
2ᵉ d. 30' de ♉, touche le bord Occidental de l'Horison ; & le 9ᵉ degré
de ♒ est au bas du Ciel, c'est-à-dire, sous le demy-Cercle inferieur
du Meridien ; car les mêmes degrez
des Signes opposez, touchent toûjours les demy-Cercles horaires
opposez.

USAGE XXXIV.

Trouver les degrez de l'Ecliptique, qui font le commencement des douze Maisons Celestes.

PAr la precedente proposition, nous en avons deja 4, sçavoir, l'Ascendant, ou le degré de la premiere Maison, son opposé, qui est le degré de la 7e, le haut du Ciel pour la 10e Maison, & le bas du Ciel pour la 4e; il ne s'agit plus que des huit autres, ou seulement de quatre, puisque, comme nous avons déja remarqué les mêmes degrez des Signes opposez, touchent les demy-Cercles opposez.

Presque tous les Astronomes conviennent de cette division du Ciel en 4 principales parties, par le Meridien & l'Horison, suivant l'ordre des Signes, commençant à l'Orient par Minuit vers Occident, & continuant d'Occident par le Midy vers Orient. Mais ils ne font pas

d'accord de la maniere dont il faut
subdiviser chaque quart en 3 parties pour avoir les autres Maisons
Celestes.

Il y a plusieurs opinions differentes sur ce sujet : Suivant la methode
de Mont-Royal, appellée Ratio-
nelle, qui est presentement la plus
suivie, l'Equateur est divisé en 12
parties égales par 6 grands Cercles,
passans par les intersections du Meridien & de l'Horison ; c'est-pourquoy, ayant trouvé le degré de l'E-
quateur, qui se leve sur l'Horison
avec le degré de l'Ecliptique qui est
Ascendant, si on luy ajoûte 30 dégrez, on aura le degré de l'Equateur, qui se trouve pour lors au
commencement de la seconde Maison Celeste ; puis ajoûtant encore
30 degrez, on aura le commencement de la troisiéme, & ainsi des
autres, & comme tous les Cercles
des Maisons Celestes sont des Horisons obliques diversement éloignez du Pole, il faut chercher
combien le Pole est élevé sur chacun de ces Cercles : ensuite par le

moyen des Ascensions obliques convenables à ces differentes latitudes, on trouvera les degrez de l'Ecliptique qui touchent chacun de ces Cercles avec les susdits degrez de l'Equateur.

USAGE XXXV.

Faire avec l'Astrolabe un Cadran horisontal.

PLacez la Regle à l'élevation du Pole, & remarquez quels degrez de la Regle sont coupez par les Cercles horaires. Soit, par exemple la Regle placée à 50 d. de latitude, vous verrez que le Cercle d'une heure coupe la Regle à 11. d. & demy, le Cercle horaire de deux heures la coupe à 24ᵈ, & ainsi des autres ; d'où l'on connoît qu'en un Cadran horisontal pour la susdite latitude, la Meridiene, ou ligne de Midy fait avec la ligne d'une heure, ou de 11 heures un Angle de 11 d. & demy, la même ligne de

Midy fait avec celle de 2 heures,
ou de 10 un Angle de 24 d. En continuant pour les autres heures , ou
parties d'heures , on pourra tracer
un Cadran horifontal , au centre
duquel on mettra un Axe ou ſtile ,
faiſant avec le Plan un Angle égal à
celuy de l'élevation du Pole.

La raiſon de cecy eſt, que les lignes horaires , qui repreſentent
les communes ſections des Cercles
horaires , & du plan du Cadran, y
doivent faire des Angles égaux à
ceux qu'ils font dans le Plan du
grand Cercle , auquel le Plan du
Cadran eſt parallele ; c'eſt-pourquoy , dans le Cadran horifontal on
doit imaginer des lignes droites ,
partantes du Centre de la Sphere, &
paſſantes par les communes ſections
de la Regle , qui repreſente l'Horiſon , & des Cercles horaires ; car
tout grand Cercle paſſe par le Centre de la Sphere.

Usage XXXVI.

Faire un Cadran Vertical sans decliner, c'est-à-dire, dans le Plan du premier Vertical.

Comptez depuis l'Equateur vers le haut de l'Astrolabe, la latitude du lieu, qui est toûjours égale à l'élevation du Pole ; vous aurez le Zenith, sur lequel ayant arresté la Regle, elle representera le premier Vertical ; voyez ensuite en quels degrez la Regle est coupée par les Cercles horaires ; si c'est par exemple, à la latitude de 50 deg. le Cercle horaire d'une heure coupera la Regle à 9 d. 3 quarts, le Cercle de 2 heures la coupera à 20 $\frac{1}{3}$, & ainsi des autres ; par ce moyen on pourra faire un Cadran Vertical, au Centre duquel on mettra un Axe ou style, faisant avec le Plan dudit Cadran un Angle égal à celuy du complement de l'élevation du Pole, qui en cet exem. sera de 40. d.

Vous pourrez aussi avoir les Angles horaires du Cadran Vertical, de la même maniere que ceux de l'Horisontal, si au lieu de l'élevation du Pole vous prenez son complement.

AVERTISSEMENT.

EN ces deux derniers Usages, & en quelques autres, nous supposons la Regle ou Alidade divisée en degrez, quoy qu'elle ne le soit pas ordinairement; mais il est facile d'y suppléer, comme nous avons déja dit cy-devant en l'Usage 14ᵉ, en faisant une marque sur ladite Regle, & la tournant sur la ligne droite, qui s'étend d'un Pole de l'Astrolabe à l'autre; le Parallele que cette marque touchera, fera connoître le degré de la Regle, compris entre le Centre & ladite Marque.

Les mêmes Usages se font en l'Astrolabe de Monsieur de la Hire, qu'en celuy de Gemma Frison; & pour operer on fait les mêmes choses que l'on vient d'expliquer.

CHAPITRE III.

Des Usages de l'Astrolabe universel de Rojas.

L'Analemme , ou l'Aftrolabe de Rojas , eft compris fous un feul Cercle , qui reprefente le Meridien & le Colure des Solfti-ces , ne faifans qu'un même Plan. Ce Cercle eft divifé en 4 parties égales par deux Diametres , dont l'un reprefente l'Axe du Monde, le Colure des Equinoxes, le Cer-cle de 6 heures , & l'Horifon de la Sphere droite ; L'autre Diametre reprefente le Cercle Equinoxial, quelquefois l'Horifon , & d'autres fois l'Ecliptique. Les lignes Paral-leles à ce Diametre reprefentent les cercles paralleles à l'Equateur, dont les principaux font ceux qui paffent par les commencemens des Signes & les Tropiques. Elles reprefen-

tent aussi les Almucantarats, lorsque ce Diametre est pris pour Horison, & representent les Cercles
de latitude des Astres, lors qu'on
le prend pour l'Ecliptique.

Les Ellipses qui passent par les
Poles representent les Meridiens, ou
Cercles horaires, dont chaque de-
mie-Circonference peut estre pri-
se pour deux horaires, également
distans du Meridien dans l'un &
l'autre Hemisphere; & comme les
Cercles horaires sont aussi Cercles
de longitude terrestre, & Cercles
d'Ascension droite des Astres; ces
Ellipses servent à les representer.
On les prend aussi pour Azimuts,
ou Cercles Verticaux, lorsque le
Diametre qu'elles coupent est pris
pour Horison, & pour Cercles de
longitude des Astres, lors qu'il est
pris pour l'Ecliptique; la Regle ou
Alidade qui tourne autour du Centre de l'Astrolabe represente quelquefois l'Horison, quelquefois l'E-
quateur, & d'autres fois l'Ecliptique. On y joint une autre petite
Regle égale au demy-Diametre de

l'Aftrolabe, laquelle fe puiffe mouvoir le long de la grande, & luy foit toûjours perpendiculaire.

USAGE PREMIER.

Determiner le lieu du Soleil dans le Zodiaque, & le Parallele qu'il décrit chaque jour.

Comme on a marqué fur le dos de cet Aftrolabe des Cercles Concentriques pour les jours de l'année, & les Signes du Zodiaque correfpondans, en mettant la Regle du dos fur le jour du mois, elle marquera en même temps le lieu du Soleil dans le Zodiaque ; & au contraire par le lieu du Soleil on trouve le jour du mois qui luy correfpond, en examinant neanmoins fi l'année eft Biffextile, ou bien fi elle eft la premiere, feconde, ou troifiéme aprés la Biffextile, parce que les années Civiles communes n'étant que de 365 jours, elles font plus courtes que l'Année Solaire d'environ un quart de jour, comme nous avons expliqué plus amplement dans le premier des Usages de l'Astrolabe univer-sel de Gemma Frison.

Ayant trouvé le lieu du Soleil dans le Zodiaque, on a son Paral-lele diurne; car le Parallele à l'E-quateur de l'Astrolabe passant par le point de l'Ecliptique trouvé, est celuy que le Soleil décrit ce jour-là. Si l'Ecliptique n'étoit point tracée sur l'Astrolabe, la Regle pourroit la representer, en l'arrê-tant sur 23ᵈ 30 minutes de decli-naison.

USAGE II.

Trouver la Declinaison du Soleil, &
de tout autre Astre.

LE Parallele diurne du Soleil, ou de tout autre Astre mar-que sa declinaison sur le bord du Meridien Exterieur.

Si par exemple on cherche le lieu

lieu du Soleil dans le Zodiaque le premier jour de May 1701 on trouve le 10e degré, & environ 45 minutes de ♉, & ce même degré sur l'Aftrolabe coupe le Parallele dont la declinaison eft de 15 degrez Septentrionale.

USAGE III.

Sçachant la declinaison du Soleil, trouver l'élevation du Pole, & au contraire, par l'élevation du Pole trouver la declinaison du Soleil.

OBfervez la hauteur Meridiene du Soleil fur l'Horifon, comptez les degrez de fon Elevation fur le Meridien Exterieur vers le bas, commençant au Parallele qu'il décrit ce jour-là, & mettez la Regle au point où fe termine ce compte ; la diftance de ladite Regle au Pole, marque l'élevation du Pole fur l'Horifon.

Si par exemple le premier jour de May la declinaison du Soleil

G

estant de 15 degrez , on observe la
hauteur Meridiene de 56 degrez ,
comptez depuis le Parallele diurne du Soleil vers le bas de l'Astrolabe les 56 degrez , & mettez-y la
Regle ; sa distance jusqu'au Pole ,
qui est en ce cas de 49ᵈ marque l'é-
levation du Pole sur l'Horison du
lieu où s'est faite l'observation.

Au contraire connoissant la hauteur du Pole , & l'élevation du Soleil sur l'Horison , on trouvera sa
declinaison ; car si en cet exemple
vous éloignez la Regle du Pole
Septentrional de quarante-neuf degrez ; comptez depuis la Regle
ainsi disposée les 56 degrez de hauteur Meridiene du Soleil ; la fin de
ce compte se termine à 15 degrez de
declinaison Septentrionale ; & suivant ce Parallele jusqu'à l'intersection de l'Ecliptique , vous aurez le
lieu du Soleil.

On peut faire le même avec les
Etoiles dont on connoît la declinaison , en observant leur hauteur
Meridiene , c'est-à-dire , quand elles passent sous le Meridien ; car

par leur moyen on peut connoître
l'élevation du Pole , & par l'élevation du Pole on peut trouver
leur declinaison.

USAGE IV.

*Trouver l'Ascension droite de tous les
points de l'Ecliptique , & de
tout Astre.*

COmme la même Planche de
l'Astrolabe peut servir pour
l'un & pour l'autre Hemisphere,
il faut examiner en quelle partie
se trouve le point proposé.

Si on demande, par exemple, l'Ascension droite du 20ᵉ degré de ♈,
ou le point de l'Equateur avec lequel il se leve sur l'Horison de la
Sphere droite; je vois que le Cercle
horaire qui passe par ce degré coupe l'Equateur au 18ᵉ degré 27 minutes, par où je connois que telle
est son Ascension droite, c'est-à-dire , que le 18ᵉ degré 27 minutes de
l'Equateur se leve avec le vingtié-

me degré de ♈ sur l'Horison de la
Sphere droite.

Mais si on propose le 20e degré
du ♌, qui est dans le second quart
de l'Ecliptique, on verra que le
Cercle horaire passant par ce degré, coupe l'Equateur au 52e degré 25 minutes, en commençant à
compter depuis le Meridien Exterieur, à quoy il faut ajoûter 90
degrez, parce qu'il est dans le second quart, & par consequent son
Ascension droite est de 142 degrez
25 minutes.

Si le point proposé est dans le
3e quart, il y faut ajoûter 180 degrez, & s'il est dans le quatriéme
quart de l'Ecliptique, on y ajoûte
270 degrez.

La Descension droite est égale
à l'Ascension droite, aussi bien qu'à
la Mediation; c'est-à-dire que tout
point du Ciel se couche sous l'Horison de la Sphere droite, avec le
même degré de l'Equateur, avec
lequel il s'y est levé, & qu'il passe
sous les Meridiens de toute sorte
de Sphere avec le même degré de

l'Equateur qui se leve, & qui se couche avec luy en la Sphere droite.

Ce que nous avons dit des points de l'Ecliptique se doit entendre de tout Astre qui pourroit estre marqué sur l'Astrolabe.

Par même moyen on sçaura quel point de l'Ecliptique se leve dans la Sphere droite avec quelle Etoile que ce soit, & avec quel point de l'Ecliptique une Etoile fixe passe sous les Meridiens de toute sorte de Sphere.

La raison de cecy est, que tout Cercle horaire est un des Horisons de la Sphere droite ; c'est-pourquoy, si un point de l'Equateur atteint le même Cercle horaire que quelque autre point du Ciel, ils se leveront ensemble sur l'Horison de la Sphere droite, & passeront ensemble sous les Meridiens de toute sorte de Sphere.

USAGE V.

Trouver la différence Ascensionelle des points de l'Ecliptique pour une latitude proposée.

LA différence entre le point de l'Equateur qui se leve dans la Sphere droite, & un autre point du même Equateur qui se leve sur l'Horison de la Sphere oblique, avec le même point de l'Ecliptique, ou quelque autre point, est appellée la différence Ascensionelle.

Pour la trouver, disposez la Regle selon la latitude du Pays, c'est-à-dire, éloignez-la du Pole d'autant de degrez que le Pole est élevé sur vôtre Horison ; ensuite remarquez le Parallele qui répond au point du Ciel proposé, & comptez les degrez dudit Parallele, compris entre le Cercle horaire de 6 heures, & la Regle horisontale, vous aurez la différence Ascensionelle.

Si l'on propose, par exemple, le 10ᵉ degré du ♉ pour la latitude de 49 degrez, remarquez le Parallele qui passe par ce point, & comptez les degrez de ce Parallele, compris entre le Cercle de 6 heures, & la Regle arrestée sur le 49ᵉ degré d'élevation de Pole, vous trouverez 17ᵈ 46 minutes pour la difference ascensionelle du 10ᵉ degré du ♉ pour ladite latitude.

Usage VI.

Trouver l'Ascension & Descension oblique des points de l'Ecliptique, pour une latitude proposée.

SI le point proposé est dans l'Hemisphere Septentrional, comme celuy de l'exemple cy-dessus, & la latitude aussi Septentrionale, vous aurez son Ascension oblique en soustrayant sa difference Ascensionelle de son Ascension droite: ainsi l'Ascension droite du 10ᵉ degré du ♉ estant de 37ᵈ 35 m.

G iiij

& sa difference Ascensionelle de
17ᵈ 46 minutes, la soustraction faite restera 19ᵈ 49 minutes d'Ascension oblique ; & au contraire ajoûtant la difference Ascensionelle à
l'Ascension droite, on aura 55ᵈ 21
minutes de Descension oblique.

Mais si le point proposé est dans
l'Hemisphere Meridional, il faut
ajoûter sa difference Ascensionelle avec son Ascension droite pour
avoir son Ascension oblique, & la
soustraire de ladite Ascension droite pour avoir la descension oblique.

USAGE VII.

*Par la difference Ascensionelle des points
de l'Ecliptique, trouver la longueur
de tous les jours de l'année.*

CEtte difference Ascensionelle
estant doublée, & reduite en
heures à raison de 15 degrez par
heure, & d'un degré pour quatre
minutes d'heures, fait connoître
combien le jour auquel convient

cette même difference Afcenfionelle eft plus long , ou plus court
que le jour de l'Equinoxe. Ainſi,
par exemple, doublant les 17 deg.
46 minutes de difference Afcen-
ſionelle, qui convienent au 10e dégré du ♉ , pour la latitude de 49
degrez , on aura 35d. 32 minutes,
leſquels réduits en temps font deux
heures & 22 minutes d'heures , qui
denotent que le jour de l'Année
qui répond au 10e degré du ♉ , à
ſçavoir le dernier d'Avril eft de 14
heures & 22 minutes ; parce que
le Soleil eſtant dans les Signes
Septentrionaux, les jours font plus
longs que ceux de l'Equinoxe ; au
lieu qu'ils font plus courts quand
il eſt dans les Signes Meridionaux,
pour ceux qui habitent la partie
Septentrionale du Monde.

USAGE VIII.

Trouver l'Amplitude Orientale & Occidentale des points de l'Ecliptique pour une latitude proposée, & au contraire par ladite Amplitude trouver la latitude d'un lieu.

DIsposez la Regle, qui en ce cas represente l'Horison selon la latitude du lieu ; remarquez ensuite le nombre des degrez de ladite Regle, compris entre le centre de l'Astrolabe, & le point où elle coupe le Parallele, qui passe par le point de l'Ecliptique proposé, vous aurez son amplitude Orientale & Occidentale, laquelle sera Septentrionale, si le point proposé est dans l'Hemisphere Septentrional.

Comme souvent la Regle, ou Alidade n'est point divisée en degrez, il y faut faire une marque, & la transporter sur l'Equateur de l'Astrolabe.

Soit proposé pour exemple le premier degré de ♍, & la latitude Septentrionale du lieu 49ᵈ le point, où le Parallele de ce degré coupe la Regle disposée selon ladite latitude, est éloigné du Centre de 17 degrez, qui est par consequent l'Amplitude Orientale du premier degré de ♍.

Au contraire, si l'on a observé l'Amplitude Orientale Septentrionale du premier degré de ♍ de 17 degrez, marquez sur la Regle ce nombre de degrez, en commençant au Centre, & la tournez jusqu'à ce que ce degré coupe le Parallele dudit premier degré de ♍, pour lors la Regle ainsi disposée, sera éloignée de 49 degrez du Pole Septentrional, qui sera par consequent la latitude du lieu où s'est faite l'observation.

USAGE IX.

Marquer sur l'Astrolabe l'Arc diurne d'un degré de l'Ecliptique, & de tout Astre, & connoître en même temps l'heure du lever & du coucher du Soleil.

AYant disposé la Regle selon la latitude du Pays, remarquez en quel Cercle horaire elle coupe le Parallele du degré proposé, & combien ce Cercle horaire est éloigné du Meridien; l'Arc compris entre l'un & l'autre, est celuy que décrit en un demy-jour le point du Ciel proposé. En le doublant on connoît tout le temps qu'il reste sur l'Horison, & par consequent on sçait à quelle heure il se leve & se couche.

Ainsi par exemple à l'élevation de 49 degrez, le Parallele du 20ᵉ degré de ♉, coupe la Regle horisontale au Cercle de 4 heures & demie du matin, & de 7 heures

& demie du soir ; c'est pourquoy
lorsque le Soleil décrit ce Parallele , il se leve à 4 heures & demie
du matin , se couche à 7 heures
& demie du soir , & le jour est de
15 heures.

USAGE X.

*Par la hauteur du Soleil connoître l'heu-
re , & au contraire marquer les hauteurs du Soleil à toutes les heures
du jour.*

OBservez la hauteur du Soleil,
tenant en main l'Astrolabe
suspendu librement par son anneau,
tournez l'Alidade du dos , garnie
de ses deux pinules , jusqu'à ce que
le Rayon du Soleil passe par les
trous , ou fentes des deux pinules,
en ce cas l'Alidade marquera autour de la Circonference du dernier Cercle décrit sur le dos , de
combien de degrez le Soleil est élevé sur l'Horison.

Disposez ensuite la Regle Hori-

fontale felon la latitude du lieu,
marquez fur la petite Regle perpendiculaire à la grande la hauteur obfervée, & avancez-la jufqu'à ce que le point marqué touche le Parallele que le Soleil décrit ce jour-là ; vous aurez le lieu
du Soleil, & le Cercle horaire
paffant par ce point, marquera
quelle heure il eft. Ainfi, par exemple, à l'élevation de 49 degrez, le
Soleil eftant au 29ᵉ degré de ♈, &
fa hauteur fur l'Horifon eftant de
20 degrez, la Regle horifontale difpofée felon ladite latitude, & la petite Regle avancée jufqu'à ce que
fon 20ᵉ degré touche le Parallele
du 29ᵉ degré de ♈, vous connoîtrez
qu'en ce cas il eft 7 heures 1 quart
du matin, ou 4 heures 3 quarts du
foir.

Si on obferve la hauteur du Soleil environ à l'heure de Midy, on
peut douter s'il eft plus ou moins
de Midy ; en ce cas il faut l'obferver une feconde fois, fi l'on remarque qu'il eft plus haut à la feconde obfervation qu'à la premiere, il

n'eſt pas encore Midy ; mais ſi la
ſeconde hauteur eſt moindre, il eſt
plus de Midy.

Mais pour ſçavoir la hauteur du
Soleil à toutes les heures du jour,
& en tous les Paralleles qu'il décrit pour une latitude propoſée ;
diſpoſez la Regle Horiſontale ſelon
ladite latitude, & appliquez ſuc-
ceſſivement la petite Regle perpendiculaire à toutes les interſec-
tions du Parallèle propoſé avec les
Cercles horaires, vous aurez ſur
cette petite Regle les hauteurs du
Soleil, correſpondantes à toutes les
heures du jour.

On trouvera de même par là hauteur d'une Etoile, dont on connoît
la déclinaiſon, le Cercle horaire
où elle eſt, en diſpoſant la Regle
horiſontale ſelon l'élevation du Pole, & avançant la petite Regle
juſqu'à ce que la hauteur de l'E-
toile obſervée que l'on y aura marqué touche le Parallele qu'elle décrit ; car le Cercle horaire qui paſſe
par ce point marque le lieu de l'E-
toile dans le Ciel, enſuite on peut

connoître le Cercle horaire où est
le Soleil, pourveu qu'on sçache l'Af-
cension droite du Soleil, & celle de
l'Etoile.

Quand on observe la hauteur d'u-
ne Etoile, il faut mettre l'œil sous la
pinule inferieure de l'Alidade, la
tournant jusqu'à ce qu'on apperçoi-
ve l'Etoile par les fentes des 2 pinules, & compter ensuite le nombre de
degrez où est arreftée l'Alidade.

USAGE XI.

*Connoiffant l'heure Aftronomique, ou
Françoise, determiner l'heure Babylonique, Italique, & Planetaire.*

LES heures Babyloniques se com-
mencent à compter au lever du
Soleil, & les Italiques à son coucher. C'eft-pourquoy, si de l'heure Aftronomique on ofte l'heure du
lever du Soleil, on a l'heure Babylonique, & ajoûtant l'une à l'autre,
on a l'heure Italique. S'il eft, par
exemple, 11 heures du matin d'un
jour que le Soleil se leve à 7 heures,

oſtez 7 de 11 reſte 4 , qui marque
qu'il y a 4 heures que le Soleil eſt
levé , & par conſequent il ſera 4
heures Babyloniques; & ſi l'on ajoûte 7 à 11, on aura 18 , qui eſt le temps
écoulé depuis le dernier coucher du
Soleil , & par conſequent il eſt 18
heures Italiques.

L'heure Planetaire ou inégale, eſt
la 12e partie du jour artificiel, ou la
12e partie de la nuit artificielle : Si
par exemple , le Soleil ſe leve à 5
heures du matin, depuis 5 juſqu'à 12
il y a 7 heures ; c'eſt-pourquoy multipliant les 7 heures par 15 degrez ,
qui eſt la meſure de chaque heure Aſtronomique , ſon arc ſemidiurne ſera de 105 degrez , qui eſt le
produit de 15 par 7 , & diviſant 105
par 6 , le Quotien ſera 17 degrez &
demy pour la longueur de chaque
heure Planetaire de ce jour-là. Pour
ſçavoir donc l'heure Planetaire à
10 heures du matin , comme il y a
5 heures que le Soleil eſt levé , diviſez 75 par 17 & demy , vous trouverez 4 heures Planetaires , & 5 d. qui
ſont peu moins d'un tiers d'heure.

USAGE XII.

Trouver le commencement de l'Aurore, & la fin du Crepuscule.

LEs Astronomes ont reconnu par leurs Observations, que l'Aurore, ou Point du jour commence, & que le Crepuscule du soir finit lors que le Soleil est abaissé de 18 degrez sous l'Horison ; c'est-pourquoy ayant disposé la Regle, ou Alidade selon la latitude du lieu, en sorte qu'elle represente l'Horison, prenez avec un compas l'ouverture de 18 degrez sur l'Equateur, depuis le Centre de l'Astrolabe ; & le compas ainsi ouvert, faites-le couler le long de la Regle, en sorte qu'une de ses pointes suive l'Horison, & que l'autre pointe qui representera le 18e Almucantarat sous l'Horison, touche le Parallele que le Soleil décrit ce jour-là ; le Cercle horaire passant par ce point, marque le commencement de l'Au-

rore, & la fin du Crepuscule. Ainsi
par exemple, ayant disposé la Regle à la latitude de 49 degrez, le
Tropique de ♋ est rencontré par ladite pointe de compas au Cercle de
6 heu. donc pour lors l'Aurore commence à 6 heures du matin, & le
Crepuscule finit à 6 heures du soir ;
& comme en ce jour-là le Soleil se
leve à 8 heures du matin, & se couche à 4 heures du soir ; la durée de
l'Aurore est de 2 heures aussi-bien
que celle du Crepuscule.

USAGE XIII.

Par la connoissance de l'heure, ou par
l'élévation du Soleil sur l'Horison,
trouver son Vertical.

DIsposez la Regle Horisontale
selon la latitude du lieu, &
avancez l'autre petite Regle, ou
une Equaire, jusqu'à ce que l'élevation du Soleil que l'on y aura
marqué touche le Parallele qu'il
décrit ce jour-là, ou que cette pe-

tite Regle coupe ledit Parallele à l'heure proposée. Ensuite la tenant ferme en cette situation, tournez la Regle Horisontale, & l'arrestez le long de l'Equateur ; le point de la petite Regle qui touchoit auparavant l'heure & le Parallele du jour, marquera le Vertical où est le Soleil.

Si par exemple, le Soleil est au 10ᵉ degré de ♈ à dix heures du matin, on trouvera par cette methode qu'il est dans le 52ᵉ Vertical, & par consequent éloigné de 38 degrez du Meridien.

USAGE XIV.

Sçachant l'élevation du Soleil sur l'Horison & son Vertical, connoître l'heure, & la latitude du Pays.

DIsposez la Regle le long de l'Equateur, & avancez l'autre petite Regle jusqu'à ce que le degré de la hauteur du Soleil que vous y aurez marqué joigne le Ver-

tical du Soleil ; tournez enſuite la
Regle juſqu'à ce que le point marqué ſur la petite Regle touche le
Parallele du jour , par ce moyen
vous verrez quelle heure il eſt , &
la Regle ſera diſpoſée ſelon la latitude du lieu ; c'eſt-pourquoy l'Arc
du Meridien compris entre le Pole
& la Regle , marquera l'élevation
du Pole ſur l'Horiſon.

USAGE XV.

Trouver la ligne Meridiene.

Cherchez par la 13ᵉ propoſition
le Vertical du Soleil , &
coᵐptez ſur le bord de l'Aſtrolabe
autant de degrez que ce Vertical eſt
éloigné du Meridien , en commençant depuis l'Equateur vers le bas,
ſi l'obſervation ſe fait avant Midy ,
& vers le haut ſi elle ſe fait aprés
Midy , en regardant la gauche de
l'Inſtrument , parce que l'Orient
eſtant à noſtre gauche , & l'Occident à droite , nous avons le Midy

devant les yeux. Mettez enfuite un style perpendiculaire au Centre de l'Aftrolabe , & l'ayant placé horifontalement , & bien de niveau, tournez-le jufqu'à ce que l'ombre du ftyle tombe fur le degré marqué, la ligne Equinoxiale de l'Inftrument fera pour lors fur la Meridiene du Monde , dont la raifon eft, qu'en cette difpofition , l'Angle compris entre l'ombre du ftyle & l'Equateur , eft égal à l'Angle qui marque la diftance du Vertical du Soleil trouvé, jufqu'au Meridien ; or l'ombre eft dans le Plan dudit Vertical, & par confequent l'Equateur doit eftre dans le Plan du Meridien.

USAGE XVI.

Connoiffant la declinaifon & la latitude d'une Etoile , trouver fa longitude.

Difpofez la Regle le long de l'Ecliptique, en forte qu'elle regarde le Pole Septentrional, fi la latitude de l'Etoile propofée eft

Septentrionale; mais si elle est Meridionale, le dessus de la Regle doit
estre tourné du costé du Pole Meridional; Avancez la petite Regle
perpendiculaire jusqu'à ce que le
degré de latitude que l'on y aura
marqué touche le Parallele de l'E-
toile que l'on connoît par sa declinaison. Tenez ferme les deux Regles en cette situation, & transportez la Regle le long de l'Equateur,
le degré marqué sur la petite Regle touchera un Cercle horaire,
qui indiquera la longitude de l'E-
toile.

Si par exemple, la declinaison
Meridionale d'une Etoile proposée
est de 20 degrez, & sa latitude aussi
Meridionale de 15, sa longitude sera de 196 degrez, si elle est dans le
troisiéme quart de l'Ecliptique, ou
de 344 degrez si elle est dans le quatriéme quart.

La raison de cecy est, que la latitude de l'Etoile proposée, ou sa
distance de l'Ecliptique estant de
15 degrez, le quinziéme degré de
la petite Regle perpendiculaire sur

la grande qui represente l'Ecliptique décrit par son mouvement le Cercle de latitude de l'Etoile, & l'intersection de ce Cercle & du Parallele de l'Etoile marque son lieu dans le Ciel; c'est-pourquoy son Ascension droite est determinée par le cercle horaire qui passe par ce point d'intersection. Si l'on avoit tracé sur l'Astrolabe un grand Cercle passant par les Poles de l'Ecliptique, & par ce même point d'intersection, il marqueroit le Cercle de longitude de cette Etoile; mais comme il n'y en a point, il faut avoir recours aux Cercles horaires, & prendre l'Equateur pour l'Ecliptique, puisque les Cercles horaires sont à l'égard de l'Equateur ce que sont les Cercles de longitude à l'égard de l'Ecliptique, & que le point marqué sur la petite Regle, conserve toûjours la même situation, & même raport avec la regle qui passe par le Centre, soit qu'elle represente l'Equateur, soit qu'elle represente l'Ecliptique.

USAGE

USAGE XVII.

Par la longitude & la latitude d'une Etoile, trouver son Ascension droite, & Declinaison.

SUpposons la longitude d'une Etoile de 196 degrez, & sa latitude Meridionale de 15 ; Pour trouver son Ascension droite & sa Declinaison, disposez la Regle, ou Alidade le long de l'Equateur, & avancez le quinziéme degré de la petite Regle sur le 196 Meridien, transportez ensuite la Regle le long de l'Ecliptique, le 15e degré de la petite Regle touchera le 20e Parallele, & le 188e Meridien, d'où l'on connoît, que la Declinaison de la-dite-Etoile est de 20 degrez, & son Ascension droite de 188.

USAGE XVIII.

Par l'Ascension droite, & la Declinai-
son d'une Etoile, trouver sa longitude
& latitude.

SUpposant l'Ascension droite
d'une Etoile de 188 degrez, &
sa Declinaison de 20. Disposez la
Regle le long de l'Ecliptique, &
avancez la petite Regle sur le point
d'Intersection du 20ᵉ Parallele, &
du 188 Meridien; ce point touchera
le quinziéme degré de la petite Regle, qui marque la latitude de l'E-
toile, ensuite mettant la Regle, ou
Alidade le long de l'Equateur, ledit quinziéme degré de la petite
Regle touchera le 196 Meridien, &
ce sera la longitude de l'Etoile.

La raison des Operations de ces
deux derniers Usages se peut con-
cevoir par ce qui a esté expliqué cy-
devant en l'Usage seiziéme.

USAGE XIX.

Connoissant l'Ascension droite du Soleil, & celle d'une Etoile avec sa declinaison, trouver à toute heure le lieu de l'Etoile.

PAr le moyen des Ascensions droites, on connoît la distance entre le Cercle horaire du Soleil, & celuy de l'Etoile ; & comme on suppose l'heure connuë, on sçait le Cercle horaire où est l'Etoile ; l'intersection de ce Cercle & du Parallele de l'Etoile connu par la declinaison, marque son lieu dans le Ciel.

USAGE XX.

Connoissant la longitude & latitude de deux lieux de la Terre, ou l'Ascension droite, & declinaison de deux Astres, trouver leur distance, c'est-à-dire l'Arc d'un grand Cercle compris entre leurs lieux.

SOit la longitude d'une Ville de France de 24 degrez, & sa latitude Septentrionale de 49, soit la longitude d'une Ville d'Asie de 115 degrez, & sa latitude aussi Septentrionale de 17 degrez; Prenez le Meridien de l'Astrolabe pour celuy de la Ville d'Asie, & comptez-y sa latitude, depuis l'Equateur vers le Pole Septentrional, laquelle est de 17 degrez; sur ce point arrestez la Regle; & comme la difference de longitude de ces deux Villes est de 91 degrez, prenez pour Meridien de ladite Ville de France un Cercle horaire éloigné de 91 degrez du Meridien, sur lequel ayant marqué

ſa latitude 49, avancez la petite
Regle ſur ce point, & vous aurez
les lieux de ces deux Villes, dont la
diſtance ſe meſurera par l'Arc du
Meridien, compris entre le point
que touche la petite Regle, & celuy où eſt arreſtée la Regle que l'on
trouvera de 78 degrez.

Connoiſſant la longitude & latitude de deux Etoiles, on peut meſurer leurs diſtances de la même
maniere, en prenant l'Equateur
pour l'Ecliptique.

USAGE XXI.

Trouver à toute heure & jour propoſé
le degré de l'Ecliptique qui eſt
dans le Meridien.

SOit propoſé le premier jour de
May à dix heures du matin; Le
dixiéme degré de ♉, qui eſt le lieu
du Soleil, à tel jour eſt donc ſous le
Cercle horaire de 10 heures du matin; c'eſt-pourquoy, ayant trouvé par l'Uſage 4ᵉ, que l'Aſcenſion

droite de ce degré, est 37^d 34 min. comme la distance du Cercle horaire de dix heures au Meridien, est de 30 degrez vers l'Occident, c'est-à-dire contre l'ordre des Signes, ostez lesdits 30 degrez de 37^d 34 min. restent 7^d 34 minutes pour l'Ascension droite du point de l'Ecliptique, qui est sous le Meridien. Or le Cercle horaire du 7e degré 34 min. passe par le 8e degré 14 m. de ♈, donc ce degré est sous le demy-Meridien superieur, & son opposé 8^d 14 min. de ♎, est sous le demy-Meridien inferieur, c'est-à-dire au bas du Ciel.

U s a g e XXII.

Trouver à toute heure le degré de l'Ecliptique, qui se leve sur l'Horison.

A Yant trouvé par le precedent Usage le degré qui est sous le Meridien, ajoûtez à son Ascension droite 90 degrez, vous sçaurez quel

eſt le degré de l'Equateur qui ſe leve ; & par le moyen d'une Table
des Aſcenſions obliques pour une latitude propoſée , vous connoîtrez
quel eſt le degré de l'Ecliptique qui
ſe leve avec ce degré de l'Equateur.

Au défaut de ladite Table, cherchez par l'Uſage cinquiéme le degré de l'Ecliptique , dont la difference Aſcenſionelle ajoûtée au
point de l'Equateur qui ſe leve fait
ſon Aſcenſion droite, ſi ce degré eſt
dans l'hemiſphere du Pole appa-
rent , ou oſtée du même point de
l'Equateur , s'il eſt dans l'autre hemiſphere ; c'eſt - pourquoy il faut
chercher la difference Aſcenſionelle de pluſieurs points. Si par exemple , le premier jour de May , à dix
heures du matin le 8ᵉ deg. 14m. de ♈,
eſt ſous le Meridien , ſon Aſcenſion
droite eſt de 7ᵈ 34 min. & par conſequent le point de l'Equateur qui
ſe leve pour lors , eſt le 97ᵈ 34 min.
il faut donc chercher quel eſt le degré de l'Ecliptique , dont la difference Aſcenſionelle ajoûtée à 97ᵈ
34 m. égale ſon Aſcenſion droite.

H iiij

USAGE XXIII.

Construire avec l'Astrolabe un Cadran Horisontal.

DIsposez la Regle selon la latitude du lieu, & comptez les degrez de ladite Regle, si elle est divisée depuis le Centre de l'Astrolabe jusques aux Cercles horaires, & vous connoîtrez quel Angle doit faire chaque Ligne horaire avec la Meridiene au Centre du Cadran horisontal ; si la Regle n'est pas divisée, faites-y des marques à chaque intersection des Cercles horaires, & transportez-la le long de l'Equateur, vous verrez à quel degré chacune desdites Marques correspond ; car la division de l'Equateur est la même que celle de la grande & de la petite Regle.

La raison de cette operation est, que les Lignes horaires s'entrecoupantes au Centre du Cadran horisontal y doivent faire des Angles égaux à ceux que font les Cercles horaires avec l'Horison.

L'Axe ou ſtyle du Cadran, doit faire avec la Meridiene un Angle égal à celuy que l'Axe du Monde, repreſenté ſur l'Aſtrolabe, fait avec la Regle qui tient lieu d'Horiſon.

USAGE XXIV.

Conſtruire avec l'Aſtrolabe un Cadran Vertical ſans decliner.

L'Axe du Monde fait avec le Plan du premier Vertical un Angle égal à celuy du Complement de l'élevation du Pole ſur l'Horiſon ; de ſorte qu'un Cadran fait ſur le Plan du premier Vertical, peut eſtre conſideré comme un Horiſontal, ſur lequel le Pole ſeroit élevé d'un Angle égal audit Complement. C'eſt-pourquoy ſi l'on veut avoir les Angles que font les Lignes des heures au Centre d'un Cadran Vertical avec la Meridiene, dans un pays où le

Pole est élevé de 49 d. on les trouvera par la pratique de la proposition
precedente, comme si c'étoit un Horisontal pour la latitude de 41. deg.

AVERTISSEMENT.

Comme il est parlé dans les Usages des Astrolabes de Gemma Frison
& de M. de la Hire, d'une Regle ou
Alidade, sur laquelle doit être attaché un petit bras ou Index ployant;
comme aussi dans les Usages de l'A-
strolabe de Rojas, d'une Regle ou
Alidade divisée, avec un petit Cur-
seur ou petite Regle aussi divisé; &
qui doit couler perpendiculairement sur la grande; j'ay donné à peu
prés une idée de l'une & de l'autre,
au bas de la petite planche de la construction de l'Astrolabe de Rojas.
De plus, comme dans les grands Astrolabes que l'on peut monter soy-
même en carton, s'il falloit diviser
chaque Regle, cela coûteroit beaucoup, j'en ay tracé & divisé sur la
planche de l'Astrolabe de Rojas en
grand, que l'on poura coler sur des
Regles ou Alidades de cuivre ou
de bois.

CHAPITRE QUATRIE'ME.

Des Usages de l'Astrolabe Equinoxial de Ptolomée.

CET Astrolabe a cela de commode, qu'il represente les Mouvemens Celestes ; parce qu'il est composé de 2 Planches, sçavoir une Immobile, representante les Cercles propres & convenables à une élevation de Pole particuliere ; & l'autre Mobile & universelle, representant l'Equateur, l'Ecliptique & plusieurs Etoiles du Firmament.

La Regle, ou Alidade tournante autour du Centre, represente les Cercles horaires, ou d'Ascensions droites.

USAGE PREMIER.

Connoître pour quelle latitude est faite chaque Planche.

COmptez en la ligne de Midy le nombre des Almucantarats depuis le Zenith jusqu'au Cercle Equinoxial, ou bien depuis le Pole qui est le Centre de l'Astrolabe jusqu'à l'Horison.

Dans les Instrumens d'une bonne grandeur, comme celuy qui accompagne ce Traité, les Almucantarats sont tracez de deux en deux degrez, aussi-bien que les Azimuts.

USAGE II.

Pour observer avec l'Astrolabe la hauteur apparente du Soleil & des Astres.

TEnez l'Astrolabe par son anneau suspendu librement, &

fans contrainte , tournez la Regle
ou Alidade du dos , jufqu'à ce que
le Rayon du Soleil paffe par les
fentes des deux pinules ; ladite Regle en cette fituation, marquera autour du Cercle , qui eft au bord de
l'Inftrument , la hauteur du Soleil
fur l'Horifon.

Pour trouver la hauteur d'une
Etoile , ou d'une Planete , mettez
l'œil fous la pinule inferieure de
l'Alidade , la tournant jufqu'à ce
que vous aperceviez l'Etoile ou la
Planete par les trous ou fentes des
deux Pinules ; le nombre des degrez où eft arreftée l'Alidade ,
marque la hauteur de l'Aftre fur
l'Horifon.

U S A G E   I I I.

Pour connoître de nuit au Ciel les Etoi-
les marquées fur l'Aftrolabe.

SOit propofé à connoître l'œil
du ♉ , nommé par les Arabes
Aldebaran , cherchez fon amplitu-

de Orientale ou Occidentale par
l'Usage 20, & l'heure de son lever,
ou de son coucher, par l'Usage 23.
Tenez l'Astrolabe suspendu librement par son anneau, & tournez
l'Alidade du dos vers la partie du
Ciel où elle se doit lever ou coucher ; vous ne manquerez pas d'y
voir cette Etoile brillante de la première grandeur ; & pour la reconnoître une autre fois, examinez
quelle est sa situation à l'égard des
autres Etoiles voisines.

On peut de même la connoître
à l'heure de son passage par le Meridien ; ce qui sera facile, ayant
trouvé la hauteur Meridiene de
l'Etoile proposée par l'Usage 15. &
la ligne Meridiene du Monde, par
l'Usage 26ᵉ ou autrement. En ce cas
il faut mettre l'Alidade du dos sur
le degré qui marque la hauteur Meridiene de l'Etoile proposée, &
l'Astrolabe suspendu dans le Plan
du Meridien ; on verra par les fentes des deux pinules l'Etoile que
l'on veut connoître.

On peut encore reconnoître les

Etoiles marquées sur l'Araignée en
tout autre lieu du Ciel où elles se
rencontrent sur l'Horison, sçachant
l'heure en cette maniere. Mettez la
Regle sur l'heure de la nuit que vous
souhaitez voir l'Etoile proposée,
tournez le Zodiaque de l'Araignée
jusqu'à ce que le lieu où est le Soleil
ce jour-là touche la Regle, cherchez ladite Etoile sur l'Araignée, &
voyez en quel Azimut & Almucantarat elle se trouve pour lors; mettez ensuite l'Alidade du dos sur le
degré de hauteur marqué par l'Almucantarat, & vous estant tourné
vers la partie du Ciel où doit estre
l'Etoile, vous la verrez par les fentes des deux pinules.

USAGE IV.

Reconnoî-
*   tre au Ciel les Planetes & les*
Etoil-
*   es qui sont aux environs du Zo-*
diaque, ou qui n'ont pas grande la-
titude.

Cherchez dans les Ephemerides de l'année courante, en

quel Signe & degré du Zodiaque
font les Planetes, comme entre-au-
tres Saturne, Jupiter, Mars, Venus. Quand la Lune approchera de
ces Planetes, il vous fera facile de
les connoître ; vous fçaurez par l'A-
ftrolabe fi elles font Orientales ou
Occidentales à l'égard du Soleil,
c'eft-à-dire, à quelle heure de la
nuit elles fe peuvent voir, fi c'eft le
foir aprés le coucher du Soleil, ou
le matin avant fon lever. A l'égard
de Mercure il ne s'écarte point af-
féz du Soleil pour eftre vû commodement.

Ayant trouvé par les Ephemerides de l'année courante la longitude & latitude d'une Planete , on
trouvera fon Afcenfion droite, & fa
Declinaifon par l'Ufage dixiéme de
l'Aftrolabe univerfel de Gemma-
Frifon ; enfuite on pourra marquer
fon vray lieu fur l'Araignée de cet
Aftrolabe par une pointe de la même maniere que les Etoiles fixes y
ont efté marquées.

Si l'on veut connoître au Ciel le
cœur du Lion, on voit fur l'Arai-

gnée, que cette Etoile eſt prés du
26ᵉ degré du ♌, c'eſt-pourquoy, ſi
on cherche par les Ephemerides, en
quel temps la Lune ſera au même
Signe & degré, on peut par ſon
moyen connoître ladite Etoile.

USAGE V.

Pour trouver l'état du Ciel à tel jour, &
à telle heure qu'on veut.

AYant trouvé le lieu du Soleil
dans le Zodiaque au jour propoſé par les Uſages décrits pour les
Aſtrolabes univerſels, arreſtez la
Regle ſur l'heure preſente, & tournez l'Araignée juſqu'à ce que le degré du Zodiaque où ſe trouve le Só-
leil ce jour-là touche ladite Regle;
cela eſtant fait, on voit quelles Etoiles ſont ſur nôtre Horiſon, quelles
ſont celles qui ſe levent, celles qui ſe
couchent, & celles qui ſont au milieu du Ciel à l'inſtant propoſé. On
voit auſſi en quel lieu du Ciel ſont
les Planetes, pourveu que l'on ſça-

che les Signes & degrez du Zodiaque où elles se rencontrent par le
moyen des Ephemerides de l'année
courante.

USAGE VI.

*Pour observer tous les jours, de combien
le Soleil est éloigné de nostre
Zenit.*

METTEZ le degré du Zodiaque
où est le Soleil sur la ligne
de Midy en la Table faite pour la
latitude du lieu où vous estes, &
comptez les Almucantarats depuis
le lieu du Soleil jusqu'à vôtre Zenit.

(Autrement.) Observez la hauteur du Soleil à Midy , ou autre
heure du jour, & soustrayez ladite
hauteur de 90 degrez , le reste sera
la distance du Zenit.

USAGE VII.

Pour connoître chaque jour la Declinaison du Soleil, & de tout autre Astre.

METTEZ le lieu du Soleil, ou la pointe de l'Astre proposé sur la ligne de Midy, & comptez les degrez de hauteur, ou des Almucantarats, depuis l'Equateur jusqu'au degré du Zodiaque où est le Soleil, ou jusqu'à la pointe de l'astre ; ce seront autant de degrez de Declinaison, laquelle sera Septentrionale, s'il se trouve entre l'Equateur & le Pole Septentrional, qui est le Centre de l'Astrolabe, mais elle sera Meridionale, s'il est au delà de l'Equateur vers le Tropique de Capricorne.

Pour avoir plus precisement cette Declinaison, nous avons joints à ce petit Traité une Table des Declinaisons de tous les degrez de l'Ecliptique, avec une des Ascensions

droites des mêmes degrez de l'E-
cliptique de cinq en cinq, & une
autre des Ascensions droites, & declinaisons des Etoiles marquées sur
l'Araignée de cet Astrolable.

USAGE VIII.

*Pour trouver quel jour de l'année le
Soleil passe par le Meridien avec
une Etoile fixe.*

POrtez la Regle sur la pointe
qui marque l'Etoile proposée,
& voyez quel degré de l'Ecliptique se rencontre sous ladite Regle,
cherchez par les Usages precedens,
à quel jour de l'année le Soleil se
trouve dans ledit degré du Zodiaque.

Soit proposée pour exemple, l'E-
toile Arcturus de la première grandeur, mettant la Regle sur la pointe, qui marque son lieu dans le Ciel,
je vois sous la même Regle le troi-
sième degré du ♏, ce qui me fait
connoître, que lorsque le Soleil est

au troisiéme degré de ♏, qui est
environ le 27e d'Octobre, Arcturus
passe sous le Meridien en même
temps que le Soleil, c'est-à-dire à
Midy, & c'est ce qu'on appelle avoir
même Ascension droite.

Mais comme outre le mouvement
journalier de tout le Ciel d'Orient
en Occident, le Soleil avance par
son mouvement annuel d'environ
un degré chaque jour d'Occident
en Orient; cette même Etoile passera le lendemain environ 4 minut.
d'heures plûtôt que le Soleil par le
même Meridien; au bout d'un mois
elle y passera deux heures plûtôt;
c'est-pourquoy au bout de six mois
elle passera encore sous le même
Meridien; mais dans la partie opposée à celle où se trouvera le Soleil, c'est-à-dire, qu'il sera minuit
quand nous la verrons en ce temps-
là sous nôtre Meridien.

De sorte que pendant une année Solaire les Etoiles du Firmament font 366 Revolutions d'O-
rient en Occident, & peu moins
d'un quart d'une autre Revolution,

& le Soleil en fait une de moins, à cauſe de ſon mouvement propre d'Occident vers Orient. On n'a point icy d'égard au mouvement propre des Etoiles fixes d'Occident en Orient, parce qu'il eſt fort lent.

USAGE IX.

Pour connoître ſur l'Araignée de l'Aſtrolabe les Etoiles qui ſont toûjours ſur noſtre Horiſon.

SI par exemple, on veut ſçavoir les Etoiles fixes, qui ne ſe couchent jamais ſous l'Horiſon de Paris. Mettez l'Araignée ſur la Planche faite pour 48 degrez de latitude, tournant ladite Araignée autour du Pole, & luy faiſant faire une revolution entiere, vous verrez les pointes d'Etoiles qui reſteront toûjours ſur l'Horiſon de Paris, ſans paſſer au deſſous ; ce qui arrivera à toutes celles qui ont plus de 42 degrez de declinaiſon Septentrionale.

USAGE X.

Pour trouver le jour auquel une Etoile fixe se leve, ou se couche avec le Soleil.

Tournez l'Araignée de l'Astrolabe jusqu'à ce que la pointe qui marque le lieu de l'Etoile proposée, se trouve sur le bord Oriental ou Occidental de vôtre Horison, & observez le point où l'Ecliptique est coupée par le même demy-Cercle de l'Horison ; lorsque le Soleil sera en ce point de l'Ecliptique, il se levera ou couchera avec ladite Etoile.

USAGE XI.

Pour trouver le jour auquel une Etoile se leve lorsque le Soleil se couche.

Mettez la pointe de l'Etoile proposée sur le bord Orien-

tal de voſtre Horiſon, & obſervez
quel point de l'Ecliptique eſt coupé par l'Horiſon Occidental. Lorſque le Soleil ſera dans ce point de
l'Ecliptique, il ſe couchera en même temps que l'Etoile propoſée ſe
levera.

USAGE XII.

*Pour trouver le jour auquel une Etoile
ſe couche lorſque le Soleil ſe leve.*

METTEZ la pointe de l'Etoile
proposée ſur le bord Occidental de l'Horiſon, & obſervez
le point où l'Ecliptique eſt coupée
par le bord Oriental de l'Horiſon ;
lorſque le Soleil ſera dans ce point
de l'Ecliptique, il ſe levera dans
le même temps que l'Etoile propoſée ſe couchera.

USAGE XIII.

Pour trouver le jour qu'une Etoile se leve
ou se couche à Midy ou à Minuit.

METTEZ l'Etoile sur le bord
Oriental ou Occidental de
l'Horison, & voyez quel point de
l'Ecliptique se rencontre alors en
la partie superieure du Meridien
pour Midy, ou en l'inferieure pour
Minuit, & à quel jour de l'année le
Soleil se trouve en ce point de l'E-
cliptique; ce qui se connoît par les
Usages precedens.

USAGE XIV.

Pour trouver la difference du temps entre
le lever de deux Etoiles.

OBservez le point de l'Ecliptique qui se trouve au Meridien
lorsque l'Etoile precedente est à
l'Horison, tournez ensuite l'Arai-

I

gnée jusqu'à ce que l'Etoile suivante arrive sur le même bord de
l'Horison, & voyez quel point de
l'Ecliptique est pour lors au Meridien ; par la distance entre ces 2
points, vous trouverez la difference du temps que vous cherchez.

Par la même methode vous trouverez la difference entre le coucher
d'une Etoile & de l'autre, entre les
passages de deux Etoiles par le Meridien, entre le lever de l'une, &
le coucher de l'autre.

Ces differens levers & couchers
des Etoiles sont celebres parmy les
anciens Poëtes ; ils ont appellé le
lever Cosmique d'une Etoile, quand
elle se leve le matin avec le Soleil,
& son coucher cosmique quand elle
se couche le matin au Soleil levant.

Selon les mêmes Poëtes, le lever
Acronique d'une Etoile est, quand
elle se leve le soir au Soleil couchant, & elle se couche Acroniquement quand elle se couche avec le
Soleil, tellement qu'un Astre qui se

leve cofmiquement, fe couche acroniquement, & au contraire, s'il fe
leve acroniquement, il fe couche
cofmiquement.

USAGE XV.

Pour trouver les hauteurs Meridienes des Aftres, & des points de l'Ecliptique.

METTEZ fur le Meridien le point de l'Ecliptique propofé, ou une des Etoiles marquées fur l'A-raignée de l'Aftrolabe, vous verrez fa hauteur Meridiene entre les Al-mucantarats.

Et vous trouverez le lieu du So-leil en connoiffant fa hauteur Me-ridiene ; car le degré de l'Eclipti-que, auquel convient pareille hau-teur, fera fon lieu ; ayant neanmoins égard à la Saifon, parce que deux degrez, également éloignez des Tropiques, ont pareille hauteur Meridiene.

USAGE XVI.

Pour trouver l'Ascension & Descension droite de tout Astre, & de tous les points de l'Ecliptique.

Tournez l'Araignée jusqu'à ce que les points, où s'entrecoupent l'Equateur & l'Ecliptique, soient sur la ligne qui represente le Cercle de 6 heures, & mettez la Regle sur le point qui represente l'Etoile, ou sur le degré de l'Ecliptique proposé, l'Arc de l'Equateur compris entre la Regle & le point d'Equinoxe de Printemps est l'Ascension droite cherchée ; comme l'Equateur de l'Araignée n'est pas divisé, cet Arc se mesure sur le bord de l'Astrolabe, en suivant l'ordre des Signes.

La raison de cecy est, que la Regle passant par le Centre de l'Astrolabe represente un Cercle horaire, & que tout Cercle horaire est un des Horisons de la Sphere droite.

Pour trouver le degré de l'E-
cliptique, auquel convient une Afcenfion droite propofée, arreftez
l'Araignée dans la fituation marquée cy-devant, & mettez la Regle fur le degré de ladite Afcenfion
droite, elle marquera le degré de
l'Ecliptique que l'on cherche. La
Defcenfion droite eft égale à l'Afcenfion droite.

USAGE XVII.

Pour trouver le degré de l'Ecliptique
qui fe leve, ou fe couche avec un
Aftre propofé en la Sphere droite, &
qui paffe en même temps fous le Meri-
dien en toute Elevation de Sphere.

METTEZ la Regle fur le point
qui reprefente ledit Aftre :
elle touchera fur l'Ecliptique le
degré cherché.

USAGE XVIII.

Pour determiner l'Ascension & Descension oblique des points de l'Ecliptique, ou d'une Estoile marquée sur l'Astrolabe.

METTEZ l'Etoile ou le point de l'Ecliptique sur la partie Orientale de l'Horison oblique, & la Regle sur le premier point d'Aries ; & comptez sur le bord de l'Astrolabe les degrez compris entre la Regle & le point de 6 heures du matin, vous aurez l'Ascension oblique du point proposé.

La raison de cecy est, que l'Ascension oblique d'un point du Ciel est le degré de l'Equateur qui se léve en même temps sur l'Horison de la Sphere oblique ; mais lorsque le point proposé est sur l'Horison oblique, le point de l'Equateur qui touche le même Horison est dans le Cercle de 6 heures, puisque l'Equateur coupe tous les Horisons de la

Sphere à l'interfection du Cercle de
6 heures; d'où il s'enfuit, que l'Arc
compris entre ce point & le commencement d'Aries, eft l'Afcenfion
oblique du point propofé.

Pour trouver à quel degré de l'E-
cliptique convient une Afcenfion
oblique propofée, comptez les degrez de ladite Afcenfion oblique fur
le bord de l'Aftrolabe, en commençant au point de 6 heures du matin,
mettez-y la Regle, & tournez la
Planche mobile, jufqu'à ce que le
premier point d'Aries foit fous ladite Regle; le degré de l'Ecliptique, qui touchera pour lors la partie Orientale de l'Horifon oblique,
fera celuy qu'on cherche.

Pour trouver fa difference Afcenfionelle, mettez la Regle fur le
point du Ciel propofé, qui touche
l'Horifon oblique, & remarquez
quel degré du bord de l'Aftrolabe
touche la Regle ainfi difposée;
l'Arc compris entre ce degré & le
point de 6 heures, eft la difference
Afcenfionelle dudit point du Ciel.

Pour trouver la Defcenfion oblique, mettez l'Etoile, ou le point de l'Ecliptique proposé sur la partie Occidentale de l'Horiſon oblique, & faites le reſte de même que pour l'Aſcenſion oblique.

USAGE XIX.

Pour trouver le point de l'Ecliptique qui ſe leve, ou qui ſe couche avec une Etoile proposée en la Sphere oblique.

Mettez l'Etoile ſur la partie Orientale de l'Horiſon oblique ; le degré de l'Ecliptique qui touche la même partie dudit Horiſon ſe levera en même temps que l'Etoile.

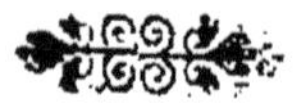

USAGE XX.

Pour determiner l'amplitude Orientale d'un point de l'Ecliptique, ou d'une Etoile proposée.

METtez le point du Ciel proposé sur la partie Orientale de l'Horison, & comptez les Azimuths, ou Cercles Verticaux, depuis ce point jusqu'au premier Vertical ; vous aurez la distance entre le point de l'Horison où il se lève, & le point d'Orient Equinoxial, & c'est ce qu'on appelle son amplitude Orientale.

Pour sçavoir le degré de l'Ecliptique, auquel convient une amplitude Orientale proposée ; remarquez sur l'Horison le degré d'amplitude proposée, & tournez la Planche mobile jusqu'à ce que quelque degré de l'Ecliptique touche ce même point de l'Horison,

USAGE XXI.

Pour trouver le temps qu'une Etoile, ou un degré de l'Ecliptique, employe à descendre depuis le meridien jusqu'au bord Occidental de l'Horison.

METTEZ le point du ciel proposé sur l'Horison Occidental, & la Regle sur le même point, comptez ensuite sur le bord de l'Astrolabe les heures & minutes depuis la Regle jusqu'au point de Midy.

Par ce moyen on connoît à quelle heure se leve & se couche le Soleil quand il est dans un degré proposé de l'Ecliptique, & combien dure le jour & la nuit.

On connoît aussi à quelle heure se leve & se couche une Etoile, & à quelle heure elle passe par le Meridien.

USAGE XXII.

Pour connoître l'heure par la hauteur du Soleil, ou d'une Etoile.

AYant trouvé le lieu du Soleil dans l'Ecliptique, mettez-le sur l'Almucantarat, qui marque la hauteur observée du costé d'Orient, ou du costé d'Occident, selon que l'observation s'est faite avant, ou aprés Midy ; mettez ensuite la Regle sur ce point de l'Ecliptique, elle marquera sur le bord de l'Astrolabe quelle heure il est.

La raison de cecy est, que le dégré de l'Ecliptique, qui par la supposition est le vray lieu du Soleil, se rencontre deux fois le jour à ladite hauteur, & que le Cercle horaire où est pour lors le Soleil, est representé par la Regle.

Ayant observé de nuit la hauteur d'une Etoile marquée sur l'Astrolabe, mettez le point qui la represente sur le Cercle de hauteur observée, & la Regle sur le lieu du Soleil dans l'Ecliptique, vous connoîtrez l'heure Astronomique, marquée par ladite Regle sur le bord de l'Astro-labe.

En connoissant l'heure Astrono-mique, on connoît l'heure Italique & Babylonique de la maniére qui a esté expliquée dans les Usages de l'Astrolabe universel.

Et comme les Cercles des heu-res inegales ou Planetaires, sont tracez sur les Planches particulie-res de cet Astrolabe, en mettant le degré de l'Ecliptique où est le So-leil sur le Cercle de hauteur obser-vée, on verra quel Cercle de l'heu-re inégale ou Planetaire correspond à ce degré.

Si de nuit on observe la hauteur d'une Etoile, mettez la pointe qui la represente sur le Cercle de hau-teur observée, & voyez quel Cercle d'heure Planetaire répond au degré où est le Soleil ce jour-là.

USAGE XXIII.

Pour trouver à quelle heure le Soleil, ou un Astre se leve & se couche, à quelle heure il passe sous le Meridien.

METTEZ le degré de l'Ecliptique où est le Soleil ce jour-là sur le bord Oriental de l'Horison oblique, la Regle arrestée sur ce même degré, montre sur le bord de l'Astrolabe à quelle heure se leve le Soleil : Et en mettant ce même degré sur le bord Occidental, la Regle marque l'heure de son coucher.

Si vous mettez l'Etoile proposée sur le bord Oriental de l'Horison oblique, & la Regle sur le lieu du Soleil dans l'Ecliptique ; ladite Regle marquera sur le bord de l'Astrolabe à quelle heure se leve ladite Etoile. On trouvera par une semblable methode à quelle heure elle passe par le Meridien, & à quelle heure elle se couche.

La raison de ceci est, que lad. Etoile

estant sur le bord de l'Horison, l'Araignée de l'Astrolabe represente la disposition de tout le Ciel, & la Regle le Cercle horaire où est pour lors le Soleil.

USAGE XXIV.

Pour connoître quels jours de l'année sont égaux entre-eux.

LEs degrez de l'Ecliptique également éloignez d'un même Tropique décrivent des Arcs diurnes égaux ; c'est-pourquoy, lors que le Soleil s'y rencontre, les jours & les nuits d'une Saison sont égaux à ceux d'une autre.

USAGE XXV.

Pour trouver le commencement de l'Aurore, & la fin du Crepuscule.

MEttez le degré de l'Ecliptique où est le Soleil au jour proposé sur la partie Orientale de la ligne du Crepuscule marquée sur l'Astrolabe au deſſous de l'Horiſon oblique, la Regle eſtant arreſtée ſur le même degré , marquera ſur le bord de l'Aſtrolabe à quelle heure commence l'Aurore : faiſant le même du coſté d'Occident , on voit à quelle heure finit le Crepuſcule du ſoir.

Pour avoir la durée entiere de l'Aurore , qui eſt égale à celle du Crepuſcule , cherchez l'heure du lever du Soleil , & en ſouſtrayez celle du commencement de l'Aurore.

USAGE XXVI.

Pour trouver la ligne Meridiene du Monde , par le moyen du Soleil, ou d'une Etoile.

OBſervez la hauteur du Soleil ſur l'Horiſon , mettez le degré de l'Ecliptique où il eſt ce jour-là ſur le Cercle de hauteur obſervée , & remarquez de combien de degrez le Vertical qui paſſe par ce point eſt éloigné de la ligne Meri-

diene de l'Astrolabe. Supposons,
par exemple, que cette distance soit
de 30 degrez , comptez lesdits 30 degrez sur le bord du dos de l'Astrolabe , depuis le premier point d'A-
ries ou de Libra ; & y ayant fait
une marque , mettez son Plan horisontalement, & de niveau , mettez
au Centre un stile perpendiculaire,
& tournez le Plan de l'Astrolabe,
jusqu'à ce que l'ombre du stile tombe sur le degré marqué , la ligne qui
passe par les premiers points d'A-
ries & de Libra quadrera pour lors
avec la Meridiene du Monde , &
par ce moyen on connoîtra l'O-
rient , l'Occident, & toutes les autres parties du Monde sur le bord de
l'Astrolabe.

Ayant observé de nuit la hauteur
d'une Etoile marquée sur l'Astrolabe , mettez-la sur le Cercle de hauteur observée , comptez combien le
Vertical où elle se trouve est éloigné de la ligne Meridiene : supposons pareillement cette distance de
30 deg. comptez lesdits 30 degrez
sur le bord du dos de l'Astrolabe ,

depuis un de ſes Diametres ; & y
ayant fait une marque, placez ſon
Plan horiſontalement & de niveau,
mettez au Centre un ſtile perpendiculaire, & tournez l'Aſtrolabe juſqu'à ce que ladite Etoile ſe trouve
en ligne droite avec le ſtile, & un
fil à plomb que vous tiendrez ſur la
Marque faite au bord ; celuy des
Diametres que vous aurez choiſi
quadrera pour lors avec la Meridiene du Monde.

<hr>

USAGE XXVII.

*Pour trouver en tout temps les degrez
de l'Ecliptique qui ſe rencontrent aux
commencemens des douze maiſons Ce-
leſtes.*

Connoiſſant l'heure, ou bien
l'élevation du Soleil ſur l'Horiſon, mettez le degré de l'Ecliptique
où eſt pour lors le Soleil ſur le Cercle de l'heure connuë, ou ſur l'Almucantarat de la hauteur obſervée,
l'Araignée de l'Aſtrolabe repreſen-

tera la vraye difpofition du Ciel; c'eft-pourquoy, il n'y a plus qu'à examiner quels font les degrez de l'Ecliptique qui touchent les Cercles des Maifons Celeftes, tracées fur la Planche particuliere de l'Aftrolabe. On y verra en même temps quelles font les Etoiles qui fe rencontrent dans lefdites Maifons.

On peut faire la même chofe, en obfervant la hauteur d'une Etoile; car mettant ladite Etoile fur le Cercle de hauteur obfervée, l'Araignée de l'Aftrolabe reprefente la vraye difpofition du Ciel.

Vous ferez le même avec une Planete, dont on connoît le lieu dans le Zodiaque, c'eft-à-dire, la longitude & latitude.

Nous ne nous arreftons point à donner les moyens de dreffer la Figure des douze Maifons Celeftes, & encore moins à en tirer les conjectures fur l'avenir, étans perfuadez que cette curiofité n'eft prefentement recherchée que de tres-peu de perfonnes.

USAGE XXVIII.

Sçachant l'heure de la haute Marée dans un Port au jour de la Nouvelle ou Pleine Lune, trouver à quelle heure elle sera haute tous les jours de l'année.

CHerchez l'âge de la Lune au jour proposé par les Ephemerides de l'année courante ; car on ne l'a pas assez exactement par le moyen de l'Epacte ; puis mettez la Regle du dos de l'Astrolabe sur le jour qui marque l'âge de la Lune à la Circonference du Cercle, qui est divisé en 29 & demi, la même Regle montrera sur le Cercle des heures, qui renferme immediatement celuy des Mois Lunaires, combien il faut ajoûter d'heures à celle de la haute Marée dudit Port au jour de la Nouvelle ou Pleine Lune, pour avoir l'heure au jour proposé ; si le nombre surpasse douze, il faut prendre le surplus pour l'heure cherchée.

Sçachant par exemple , que le jour de la Nouvelle & Pleine Lune la Mer est haute à 9 heures au Havre de Grace ; je veux sçavoir à quelle heure elle sera haute dans le même Port le 30 Juin de l'année 1701. Je trouve par les Ephemerides de ladite année , que la Lune a esté Nouvelle le septiéme dudit mois à 2 heures aprés Midy ; c'est - pourquoy ledit jour 30 Juin la Lune a 23 jours accomplis, je mets donc la Regle sur le 23 jour du Mois Lunaire ; la Regle ainsi arrestée , marque sur le Cercle des heures , qu'il faut ajoûter 6 heures & trois quarts à 9 , qui est l'heure de la haute Marée au jour de la Nouvelle ou Pleine Lune dans ledit Port ; d'où je connois que la Mer sera haute au Havre le 30 Juin 1701. à 3 heures & trois quarts aprés Midy ; & comme il y a deux hautes Marées en 24 heures , & que d'une Marée à l'autre la Mer retarde d'environ 24 minutes ; la Mer sera encore haute la nuit suivante à 4 heures , & environ 9 minutes du matin.

La raison de cette operation est, que la Lune depuis sa conjonction au Soleil jusqu'à son opposition suivante, & depuis l'opposition jusqu'à la conjonction prochaine, retarde tous les jours son passage par le Meridien d'environ trois quarts d'heure, & que nous considerons l'heure & la minute du retardement de ses passages, comme le vray temps du retardement des Marées.

USAGE XXIX.

Connoître l'heure pendant la nuit aux Cadrans Solaires par le moyen de la Lune.

CHerchez, comme nous avons dit par l'Usage precedent, l'âge de la Lune ; & ayant mis la Regle du dos sur le Nombre qui marque son âge autour du Cercle divisé en 29 & demi, voyez l'heure marquée en même temps par ladite Regle

au Cercle des heures , ajoûtez ce
nombre d'heures à celle qui est
marquée sur un Cadran Solaire par
l'ombre qu'y fait le style au clair
de la Lune , la somme vous donnera l'heure requise ; & si elle surpasse 12 , il en faut oster ce nombre
pour avoir l'heure.

Quand la Lune est pleine , elle se
leve lors que le Soleil se couche ,
elle luit toute la nuit, & marque la
vraye heure , parce que pour lors
elle est dans la partie opposée du
même Cercle horaire ; c'est-à-dire
qu'elle est dans le demy-Cercle superieur, si le Soleil est dans le demy-Cercle inferieur , mais cela ne
dure gueres ; car elle s'en éloigne
vers l'Orient d'environ deux minutes par heure.

TABLE des Ascensions droites des degrez de l'Ecliptique de cinq en cinq.

Degrez des Signes.	d. ♈ m.		d. ♌ m.		d. ♓ m.	
5	4	35	127	22	243	3
10	9	11	132	27	248	21
15	13	48	137	29	253	43
20	18	27	142	25	259	7
25	23	9	147	17	264	
30	27	54	152	6	270	0

Degrez des Signes.	♉		♍		♑	
5	32	42	156	15	275	27
10	37	35	161	33	280	53
15	42	35	165	12	286	17
20	47	33	170	49	291	39
25	52	38	175	25	296	57
30	57	48	180	0	302	12

Degrez des Signes.	♊		♎		♒	
5	63	3	184	35	307	22
10	68	21	189	11	312	27
15	73	43	193	48	317	29
20	79	7	198	27	322	25
25	84	33	203	9	327	18
30	90	0	207	55	332	6

Degrez des Signes.	♋		♏		♓	
5	95	27	212	41	336	51
10	100	53	217	35	341	33
15	106	17	222	31	346	12
20	111	39	227	33	350	49
25	116	57	232	38	355	28
30	122	12	237	48	360	0

Table de la Declinaiſ. des Deg. de l'Ecliptique

| Signes | ♈ ♎ | | ♉ ♏ | | ♊ ♐ | | Sig. |
D	D.	M.	D.	M.	D.	M.	D
1.	0	13	11	51	20	24	29
2.	0	48	12	11	20	36	28
3.	1	11	12	32	20	48	27
4.	1	35	12	53	21	0	26
5.	2	0	13	13	21	11	25
6.	2	24	13	33	21	21	24
7.	2	47	13	53	21	32	23
8.	3	10	14	12	21	42	22
9.	3	34	14	32	21	51	21
10.	3	58	14	51	22	0	20
11.	4	2	15	9	22	8	19
12.	4	4	15	28	22	17	18
13.	5	8	15	47	22	24	17
14.	5	32	16	5	22	32	16
15.	5	55	16	22	22	39	15
16.	6	18	16	40	22	46	14
17.	6	41	16	57	22	52	13
18.	7	4	17	14	22	57	12
19.	7	27	17	30	23	2	11
20.	7	50	17	47	23	7	10
21.	8	12	18	9	23	11	9
22.	8	35	18	18	23	15	8
23.	8	58	18	34	23	18	7
24.	9	20	18	49	23	21	6
25.	9	42	19	3	23	24	5
26.	10	4	19	18	23	26	4
27.	10	25	19	32	23	27	3
28.	10	47	19	46	23	29	2
29.	11	8	19	59	23	29	1
30.	11	30	20	12	23	30	0

| Signes | ♓ ♍ | ♒ ♌ | ♑ ♋ | Sign. |

NOMS des trente-six Etoiles Fixes, marquées sur l'Araignée de l'Astrolabe, avec leurs Ascensions droites, & Declinaisons, en commençant à l'an 1701.

Noms.	Ascens. droit. d. m.	Decl. d. m.	gr.
		Auſt.	
Cauda Capricorni.	321 . 0	18 . 0	3
Aquarii tibia.	339 . 45	17 . 23	3
Auſtralis cauda Ceti.	7 . 0	19 . 40	2
Borealis cauda Ceti.	0 . 30	10 . 30	3
Lucida Hydræ.	138 . 15	7 . 22	2
Ala corvi Algorab.	180 . 0	16 . . 0	3
Spica Virginis.	197 . 20	9 . 35	1
Lanx borealis.	225 . 15	8 . . 15	2
Canis Major Sirius.	98 . 0	16 . 20	1
Pes lucidus Orionis.	75 . 0	8 . 35	1
Media Balthei Orionis.	80 . 16	1 . . 26	2
		Bor.	
Humerus Orionis.	84 . 45	7 . 19	1
Canis Minor Procion.	111 . 0	6 . . 0	2
Oculus Tauri.	64 . 4	15 . . 52	1
Cauda Leonis.	173 . 27	16 . . . 15	2
Cor Leonis.	148 . . 0	13 . . 25	1
Arcturus.	210 . 30	20 . . 46	1
Caput Ophiuci.	260 . 18	12 . 48	2

K

Noms.	Asc. droit.		Declin.		gr.
	d. m.		d. m.		Bor.
Caput Herculis.	255	18	14	46	3
Lucida Coronæ.	236	30	27	45	2
Lucida Lyræ.	276	45	38	32	1
Lucida Aquilæ.	294	0	8	6	2
Cauda Cygni.	308	0	44	6	2
1ª. caudæ Ursæ Majoris	188	0	59	0	2
Castor.	108	30	33	0	3
Pollux.	116	45	29	0	3
Capella Aurigæ.	73	36	45	40	1
Dextrum latus Persei.	44	45	49	0	2
Algol caput Medusæ.	40	50	40	0	2
Borealior Pleiadum.	50	45	23	30	5
1ª. in cornu Arietis.	24	30	18	0	3
Apex Trianguli.	23	30	28	30	4
Pectus Cassiopeæ.	5	0	55	0	3
Crus Pegasi.	342	20	26	30	2
Pegasi humerus.	342	30	13	36	2
Caput Andromedæ.	358	15	27	28	3

La Declinaison des onze premieres Etoiles de la Table cy-jointe est Australe ; & celle des vingt-cinq autres est Boreale.

CHAPITRE V.

Des Usages du Quarré Geometrique, & du Treillis, décrits au dos de l'Astrolabe.

CET Instrument peut servir à mesurer les hauteurs ou profondeurs, tant accessibles qu'inaccessibles : Celles dont on peut approcher se peuvent connoître par une seule operation, mais pour les inaccessibles il en faut deux.

USAGE PREMIER.

Pour connoître la hauteur d'une Tour accessible, c'est-à-dire, dont on peut facilement approcher.

MEsurez sur un Plan bien de niveau la distance du pied de la Tour jusqu'au lieu où vous

voulez placer voftre Inftrument,
lequel eftant fufpendu librement
par fon anneau à une perche plan-
tée en terre, examinez avec un
plomb attaché au bout d'un fil, s'il
eft bien fitué ; c'eft-à-dire, fi le
Diametre qui defcend de l'anneau
en bas eft bien perpendiculaire à
l'Horifon, afin que la bafe du quarré Geometrique , qui fait Angles
droits avec ce Diametre foit Parallele à l'Horifon : Tournez enfuite l'Alidade, mettant l'œil fous
la pinule inferieure , en forte que
par les fentes des deux pinules vous
puiffiez voir le fommet de la Tour,
& remarquez quel point du quarré
Geometrique eft coupé par l'Alidade. Trois fuppofitions que nous
allons faire expliqueront tous les
cas qui peuvent arriver dans l'o-
peration.

Suppofons en premier lieu avoir
mefuré 17 toifes depuis le pied de
la Tour, jufqu'au lieu où eft placé
l'Inftrument ; c'eft-à-dire jufqu'au
point du Terrain , qui eft fous le
Centre de l'Aftrolabe fufpendu li-

brement par son anneau ; & que
l'Alidade soit precisement dans
l'Angle, qui divise le quarré en 2
également ; en ce cas la hauteur de
la Tour est égale à ladite distance,
en y ajoûtant la hauteur du Centre
de l'Astrolabe, autour duquel tourne l'Alidade ; car il est à propos d'a-
voir quelque bâton d'une longueur,
connuë propre pour y suspendre
l'Astrolabe ; ce qui sera toûjours
plus seur que de le tenir en la main,
laquelle hauteur du Centre estant
supposée de cinq pieds, la hauteur
de la Tour sera 17 toises & cinq
pieds.

Supposons en second lieu, que
l'Alidade coupe le costé où est ombre droite au point marqué 40, &
que la distance mesurée soit 17 toises comme dans le premier cas, pour
lors la hauteur surpassera la distance horisontale ; & pour la connoître, faites une Regle de trois, dont
le premier terme soit 40, le second
100, qui est le costé entier du quarré, & le troisiéme terme la distance mesurée 17 toises, que vous mul-

K iij

tiplierez par 100, le produit 1700,
estant divisé par le premier terme
40 ; on aura pour 4e terme de la
Regle de trois 42 toises trois pieds,
à quoy ajoûtant cinq pieds, suppo-
sez pour la hauteur du Centre de
l'Astrolabe au dessus de la terre, la
hauteur totale de la Tour sera 43
toises 2 pieds.

La même operation par le Treillis.

POUR s'épargner la peine du
calcul de la Regle de trois, l'Alidade estant arrestée sur le point
marqué 40, du costé où est ombre
droite suivant la susdite supposition,
comptez sur le costé du Treillis parallele à l'Horison 17 parties pour
les 17 Toises de distance mesu-
rées sur le Terrain, puis comptez
les parties de la Perpendiculaire
dudit Treillis, qui se leve depuis le
nombre 17 jusqu'au point où ladite
Perpendiculaire est coupée par l'A-
lidade, vous trouverez 42 & demi, ce qui fait connoître que la
hauteur de la Tour proposée est de

42 toifes 3 pieds au deſſus du Centre de l'Aſtrolabe ; & y ajoûtant
toûjours ladite hauteur du Centre
que nous avons ſuppoſée de 5 pieds,
la hauteur de la Tour au deſſus du
Terrain ſera comme deſſus 43 toiſes 2 pieds.

Suppoſons en 3ᵉ lieu, que l'Alidade coupe le coſté du quarré où eſt
marqué ombre verſe au point 60 , &
que la diſtance du pied de la Tour
au lieu où ſe fait l'Obſervation ſoit
de 20 toiſes ; en ce cas la hauteur de
la Tour eſt toûjours moindre que la
diſtance ; c'eſt - pourquoy il faut
changer l'ordre des termes de la
proportion ; c'eſt-à-dire , que le
premier terme de la Regle de trois
doit eſtre toûjours le coſté entier
du quarré 100 , le ſecond le nombre
60 marqué par l'Alidade, & le troiſiéme terme , la diſtance meſurée
20 toiſes, laquelle eſtant multipliée
par le ſecond terme 60, & le produit 1200 diviſé par le premier terme 100 , donnera pour quatriéme
terme de la Regle de trois 12 toiſes ,
auſquelles ajoûtant cinq pieds pour

la hauteur supposée du Centre de
l'Instrument, la somme 12 toises 5
pieds, sera la hauteur de la Tour
proposée.

La mesme operation par le Treillis.

ON peut s'épargner la peine du
calcul de la Regle de trois par le
Treillis en cette maniere. L'Alidade estant arrestée sur le point
marqué 60 du côté où est ombre
verse, & la distance mesurée étant
de 20 toises, suivant la susdite supposition; comptez sur le côté du
Treillis parallele à l'Horison vingt
parties; comptez aussi les divisions
de la perpendiculaire élevée sur ledit nombre 20 jusqu'au point où ladite perpendiculaire est coupée par
l'Alidade, vous trouverez 12, ce qui
fait connoître que la hauteur de la
Tour proposée est de 12 Toises au
dessus du Centre de l'Astrolabe;
c'est pourquoy y ajoûtant toûjours
la hauteur dudit Centre supposée 5
pieds, la hauteur de la tour au dessus
du Terrain sera de 12 toises 5 pieds.

USAGE II.

Pour trouver la hauteur d'une Tour, dont on ne peut approcher.

IL faut faire deux obſervations; mais il eſt important de remarquer, qu'ayant fait la premiere, il faut reculer ou avancer pour faire la ſeconde, en ſorte que les deux ſtations répondent directement avec la ligne que l'on s'imagine tomber perpendiculairement du point remarqué au ſommet de la hauteur proposée à meſurer; c'eſt-à-dire, que les deux obſervations doivent eſtre faites en un même Plan perpendiculaire à l'Horiſon, & paſſant par le point remarqué au ſommet de la Tour à meſurer. C'eſt pourquoy ayant fait la premiere obſervation, il faut en marquer le lieu par un piquet mis en terre perpendiculairement & aſſez haut; en ſuite il faut s'en éloigner en reculant, de maniere que du lieu où l'ouveur

K v.

faire la seconde observation, on puisse voir la ligne proposée à mesurer,
& en même temps le piquet placé
entre deux : ainsi il sera plus facile
de faire la seconde observation, en
s'éloignant qu'en s'approchant de
la hauteur à mesurer : lorsque la
hauteur à mesurer est grande, ou
fort éloignée, il est à propos que la
distance entre les deux Stations
soit grande à proportion.

Il faut de plus mesurer bien exactement avec une chaine divisée
en toises & pieds, la distance entre les deux Stations sur un Plan
bien de niveau, ou parallele à l'Horison, & prendre bien garde, qu'en
toutes les Observations l'Astrolabe
soit bien suspendu, & que le Diametre qui descend de l'anneau en
bas soit bien perpendiculaire à l'Horison, ce que l'on connoîtra avec
un plomb attaché au bout d'un fil;
car sans toutes ces précautions on
ne feroit rien de juste.

Cecy étant bien remarqué, nous
allons expliquer tous les cas qui se
peuvent rencontrer dans l'opera-

tion, en trois suppositions que nous
allons faire ; car l'Alidade peut cou-
per en toutes les deux observations
le côté du quarré où est marqué
ombre droite, ou bien elle coupera
toutes les deux fois le côté d'ombre
verse ; ou enfin la premiere fois le
côté d'ombre droite, & en l'autre le
côté d'ombre verse. Le premier cas
est une marque, que la hauteur de la
Tour proposée à mesurer, est plus
grande que chacune des distances
où se font les deux Stations. Le second cas est une marque, que ladite
hauteur est moindre que les distances : Et dans le troisiéme cas, la distance de la premiere Station est
moindre que ladite hauteur, mais
la distance de la seconde Station est
plus grande.

*Premiere Regle pour le premier cas où
l'Alidade coupe en toutes les deux observations le costé d'ombre droite.*

SUPPOSONS qu'en regardant le
haut d'une Tour, le Rayon visuel,
où l'Alidade coupe en la premiere
K vj

Station le côté d'ombre droite au point marqué 30, & qu'ensuite étant reculé de quinze toises pour y faire la seconde Station, elle coupe encore le même côté d'ombre droite au point 90. En ce cas il faut toûjours soustraire le moindre nombre comme icy 30 du plus grand 90. pour avoir le reste 60, lequel doit être le premier terme de la Regle de proportion; 100, qui est le costé entier du quarré en sera le second, & la distance entre les deux Stations, qui est icy quinze toises, est le troisiéme terme; c'est-pourquoy multipliant 15 par 100, & le produit 1500 étant divisé par 60, on aura pour 4e terme de la Regle de trois 25 toises pour hauteur de ladite Tour au dessus du Centre de l'Astrolabe.

Deuxiéme Regle pour le second cas, où l'Alidade coupe toutes les deux fois le costé d'ombre verse.

SUPPOSONS qu'en la premiere Station l'Alidade coupe le côté

d'ombre verſe au point marqué 50,
& qu'étant reculé de dix-huit toiſes pour y faire la 2ᵉ Station, l'A-
lidade coupe le même côté d'ombre
verſe au point marqué 20 ; en ce cas
il faut toûjours diviſer le côté entier du quarré 100 par les 2 nombres coupez au côté d'ombre verſe, qui ſont en cet exemple 50 & 20.
Le quotien de la premiere diviſion eſt 2, & le quotien de la ſeconde eſt 5 ; en ſuite il faut ſouſtrai-
re le moindre quotien du plus
grand, c'eſt-à-dire 2 de 5, reſte 3,
par lequel il faut diviſer la diſtance entre les deux Stations, qui eſt
icy 18 ; le quotien 6 eſt la hauteur
de la Tour au deſſus du Centre de
l'Aſtrolabe.

*Troiſiéme Regle pour le troiſiéme cas où
l'Alidade coupe en la premiere Station le coſté d'ombre droite, & en la
ſeconde le coſté d'ombre verſe.*

SUPPOSONS qu'en la premiere
Station l'Alidade coupe le côté
d'ombre droite au point marqué 50,

& qu'étant reculé de 12 toises pour
y faire la 2e Station, l'Alidade coupe le côté d'ombre verse au point
80. En ce cas il faut diviser le nombre 50 d'ombre droite par 100, côté
entier du quarré, le quotien est de
$\frac{50}{100}$ ou demie, ensuite il faut diviser ledit nombre 100 par 80 d'ombre verse, le quotien est un & un
quart, puis souftrayant le petit quotien demie du plus grand un & un
quart reste 3 quarts, par lequel il
faut diviser la distance entre les
deux Stations, qui est icy 12, le
quotien de la division 16 toises seroit la hauteur de la Tour à mesurer au dessus du Centre de l'Astrolabe; à quoy il faut toûjours ajoûter la hauteur du Centre de l'Astrolabe, comme nous avons déja dit
plusieurs fois. Pour diviser 12 par
3 quarts, il faut multiplier 12 par le
denominateur de la fraction qui est
4, & diviser le produit 48 par le
Numerateur 3, le quotien de cette
division sera 16.

On peut raporter à ces trois Regles tous les differens cas qui peu-

vent arriver dans les operations ;
car si par exemple, en l'une des deux
Stations l'Alidade coupe le côté
d'ombre droite, & que dans l'autre elle se rencontre dans la ligne
d'ombre moyene , qui est la Diagonale du quarré ; on le raportera au
premier cas , où l'Alidade coupe
toutes les deux fois le côté d'ombre
droite ; mais si une fois l'Alidade se
rencontre dans la ligne d'ombre
moyene , & l'autre fois dans le côté d'ombre verse , on le raportera
au 2e cas , où la Regle coupe toutes les deux fois le côté d'ombre
verse , ou si l'on veut au troisiéme
cas, où l'Alidade coupe une fois le
côté d'ombre droite, & l'autre fois
le côté d'ombre verse.

On peut même resoudre tous les
differens cas par la premiere Regle, en reduisant les parties d'ombre verse en parties d'ombre droite ;
ce qui se fait en cette maniere. Il
faut quarrer le côté entier du quarré 100 , le produit est 10000, qu'il
faut diviser par le nombre des parties d'ombre verse , que l'on veut.

reduire , comme par exemple , le
nombre 80 que l'Alidade a coupé
dans l'exemple de la troisiéme Regle , en divisant 10000 par 80 , le
quotien est 125 ; c'est-à-dire que 80
sont à 100 , comme 100 sont à 125 ;
tellement que si la Base du quarré
Geometrique étoit prolongée & divisée en parties égales , l'Alidade
coupant le côté d'ombre verse au
nombre 80 couperoit le côté d'ombre droite , prolongé au nombre
125. Cette reduction étant ainsi faite , il est aisé de resoudre tous les
cas par la premiere Regle.

  Soit par exemple proposé à resoudre la supposition faite en la troisiéme Regle où l'Alidade coupe en
la premiere Station le côté d'ombre droite au point marqué 50 , & en
la seconde elle coupe le côté d'ombre verse au point 80 , au lieu duquel substituant 125 d'ombre droite,
il faut soustraire le plus petit nombre 50 du plus grand 125 , reste 75 ;
& par la Regle de proportion il
faut dire , comme 75 sont à 100, ainsi
douze toises de distance , supposées

entre les deux Stations, font à 16 toiſes de hauteur.

Soit auſſi propoſé à reſoudre de la même maniere la ſuppoſition faite en la ſeconde Regle, où l'Alidade coupe toutes les deux fois le côté d'ombre verſe, ſçavoir la premiere fois au point marqué 50, lequel étant reduit en partiesd'ombre droite, c'eſt-à-dire, diviſant 10000 par 50, le quotien eſt 200; en la ſeconde Station l'Alidade coupe le même côté d'ombre verſe au point marqué 20, lequel étant reduit de même en parties d'ombre droite, ſçavoir en diviſant 10000 par 20, le quotien eſt 500. Enſuite par la premiere Regle ſouſtrayant le moindre nombre 200 du plus grand 500, reſte 300; & par la Regle de proportion il faut dire comme 300 ſont à 100, ainſi 18 toiſes de diſtance ſuppoſées entre les deux Stations, ſont à un 4e nombre, qui eſt 6 toiſes pour la hauteur de la Tour propoſée à meſurer au deſſus du Centre de l'Aſtrolabe.

Si la Tour dont on veut ſçavoir

la hauteur étoit sur une Montagne,
il faudroit en chacune des deux Stations examiner avec l'Alidade la
hauteur du sommet de la Tour, &
celle du pied de ladite Tour; ensuite faire les operations comme nous
avons dit cy-devant; car de la plus
grande hauteur souftrayant la moindre reftera celle de la Tour.

Pour trouver par le moyen du Treillis la hauteur d'une Tour inaccessible.

CETTE proposition se resout sans
aucune diftinction d'ombre droite,
ou verfe, & sans calcul en la maniere suivante.

Ayant fait la premiere obfervation, tirez une ligne sur le Treillis
avec une pointe de crayon le long
de l'Alidade jusqu'au Centre en la
fituation où elle se trouve, & une
autre ligne le long de la même Alidade dans la fituation où elle se
trouvera en faifant la seconde obfervation; puis ayant mefuré sur le
terrain bien de niveau, la diftance
entre les deux Stations; cherchez

entre les Paralleles à l'Horison terminées par lesdites deux lignes de
crayon tracées sur le Treillis ; celle
dont les divisions sont égales en
nombre aux mesures de ladite distance ; les divisions perpendiculaires du Treillis , comprises entre
cette Parallele & la premiere qui
passe par le Centre de l'Astrolabe,
seront égales en nombre à la hauteur de la Tour à mesurer au dessus dudit Centre.

Usage III.

*Pour trouver la distance Horisontale du
pied d'une Tour inaccessible.*

IL faut reduire en parties d'ombre droite les nombres marquez
par l'Alidade sur chacun des côtez
du quarré Geometrique en toutes
les deux Stations en cas qu'ils soient
autrement, & faire une Regle de
trois, dont le premier terme soit la
difference entre lesdits deux nombres, le second terme doit être le

moindre nombre de parties d'ombre droite ; & le troisiéme nombre, la distance mesurée entre les deux Stations. La Regle étant achevée, on connoîtra la distance requise,

Soit pris pour exemple la supposition faite cy-devant en la troisiéme Regle où l'Alidade coupe en la premiere Station le côté d'ombre droite au point marqué 50 ; & en la seconde elle coupe le côté d'ombre verse au point marqué 80, lequel se reduit à 125 d'ombre droite, comme nous avons déja dit. Il faut donc soustraire le moindre nombre 50 du plus grand 125, pour avoir la difference 75, & par la Regle de trois dire comme 75 sont à 50, ainsi douze toises de distance entre les deux Stations sont à 8 toises pour la distance entre le pied de la Tour qu'on ne peut approcher, & le lieu de la premiere & plus prochaine Station; d'où il est aisé de conclure, que le lieu de la seconde Station en est éloigné de vingt toises.

La même operation par le Treillis.

CETTE proposition se resout sans
calcul & sans aucune distinction
d'ombre droite ou verse ; car suivant ce que nous avons dit en la
precedente proposition , pour l'u-
sage du Treillis ; ayant trouvé entre les Paralleles terminées par les
deux lignes de crayon tracées sur
ledit Treillis, celle dont les divisions sont égales en nombre aux mesures de la distance entre les deux
Stations , le surplus des divisions de
la même Parallele jusqu'à la perpendiculaire qui vient du Centre ,
marque la distance requise. Si donc
suivant la susdite supposition , l'on
tire une ligne de crayon sur le Treillis le long de la Regle arrestée sur le
nombre 50 d'ombre droite en la premiere Station , & une autre le long
de ladite Regle arrestée sur le nombre 80 d'ombre verse en la seconde
Station , & que l'on cherche entre
les Paralleles à l'Horison terminées
par ces deux lignes, celle qui a dou-

ze parties ou divisions égales , à
cause des douze toises de distance
supposées entre les deux Stations;
on verra que cette même Parallele
continuée hors la premiere ligne de
crayon jusqu'à la perpendiculaire
qui part du Centre de l'Astrolabe,
contient huit parties égales , qui
denotent que la distance du lieu de
la premiere Station jusqu'à la Tour
est de huit toises , & comptant les
divisions de ladite perpendiculaire,
comprise entre ladite Parallele &
le Centre , on en trouvera 16 , qui
font connoître , que la hauteur de
la Tour est de 16 toises. La raison
de cette operation est , qu'il se fait
sur le Treillis un petit triangle,
dont le sommet est au centre de l'Astrolabe, & la base est ladite Parallele , lequel petit triangle est semblable & proportionel au grand qui
se fait sur le Terrain.

Usage IV.

*Pour mesurer les profondeurs inac-
cessibles.*

CE que nous avons dit cy-devant au sujet de la mesure
des hauteurs inaccessibles, peut
suffire pour mesurer les profondeurs, comme seroit celle d'un fossé; puis qu'il n'y a rien à changer,
sinon qu'il faut mettre l'œil au dessus de la pinule superieure, & qu'il
faut soustraire la hauteur du Centre
de l'Instrument pour avoir ladite
profondeur, au lieu qu'il faut l'a-
joûter pour la mesure des hauteurs.

Soit donc proposé à mesurer la
profondeur d'un fossé que je suppose
sans talud, & en même temps sa largeur. Ayant placé l'Instrument
bien suspendu par son anneau sur le
bord du fossé, tournez l'Alidade,
de maniere que vous en puissiez
voir le fonds au pied de l'autre bord,
& marquez quel point du côté du

quarré Geometrique est coupé par la Regle, soit d'ombre droite, soit d'ombre verse; ensuite sans changer l'Instrument de place, tournez la Regle jusqu'à ce que vous voyez le point qui termine ladite profondeur sur l'autre bord du fossé que je suppose de niveau avec le bord sur lequel est placé l'Instrument, & marquez quel point du quarré est encore coupé par la Regle. Cette Regle demeurant ferme sur ce même point de division du quarré Geometrique, tournez l'Astrolabe sans changer de place son support, & regardez par les fentes des deux pinules quelque objet de niveau sur le terrain le long du bord où vous estes; l'ayant remarqué, mesurez exactement sa distance du lieu où est placé le pied de l'Instrument; cette distance sera égale à la largeur du fossé; & par son moyen vous connoîtrez la profondeur en la maniere suivante.

Si en regardant le fonds du fossé au pied de l'autre bord, la Regle s'est trouvée le long de la Diagonale du quarré, en ce cas la profondeur

deur est égale à sa largeur ; mais si l'Alidade a coupé le côté d'ombre droite, comme par exemple au point marqué 60., la largeur du fossé est moindre que sa profondeur en même proportion que 60 est à 100; c'est-pourquoy en ce cas le premier terme de la Regle de 3 doit estre 60 ; le second 100; le troisiéme la largeur du fossé ; le quatriéme terme de la Regle sera sa profondeur.

Si enfin l'Alidade a coupé le côté d'ombre verse ; comme par exemple au point 60, sa profondeur sera moindre que sa largeur en même proportion que 60 est à 100 ; & en ce cas le premier terme de la Regle de trois sera 100 , le second 60 , & le troisiéme la largeur du fossé.

L'Astrolabe peut encore servir à mesurer les longueurs ou distances , tant accessibles qu'inaccessibles ; mais pour lors il faut le disposer, en sorte que la Planche du dos soit Parallele à l'Horison ; & ainsi faisant tourner l'Alidade autour du Cercle divisé en ses de-

grez, on peut faire toutes les operations de la Trigonometrie ; &
par la connoiſſance de quelques
Angles & côtez meſurez, trouver
la valeur des autres Angles & côtez inconnus, ſoit par les Tables
des Sinus, ou autrement, que nous
ne raportons point icy, d'autant
qu'il y a aſſez de Livres qui trait-
tent de ces Matieres.

F I N.

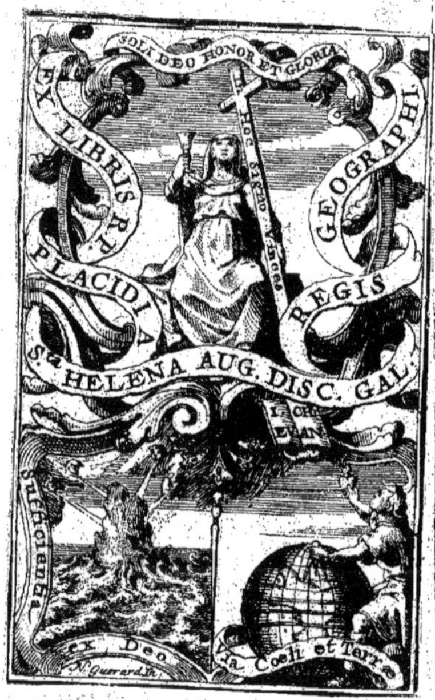

Planche 1.

Astrolabe Universel de Gemma Frison.

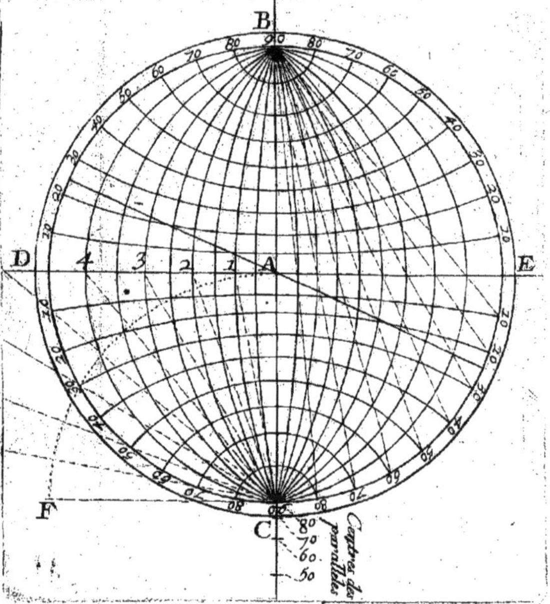

Astrolabe Universel de Roïas.

Pole Arctique

Heures devant Midy

Heures apres Midy

Pole Antartique

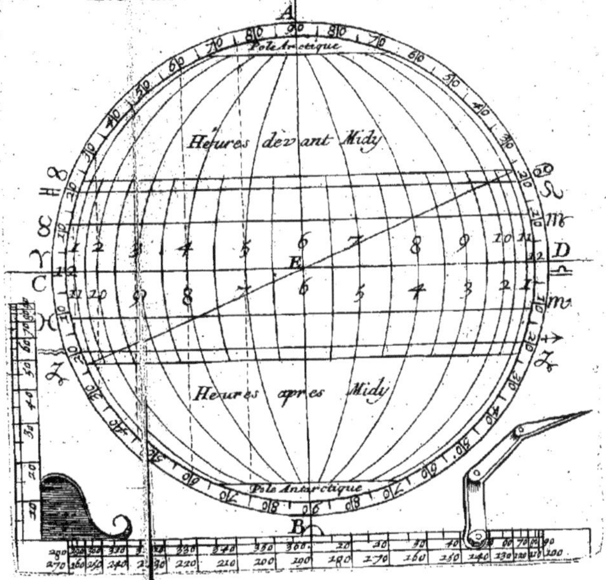

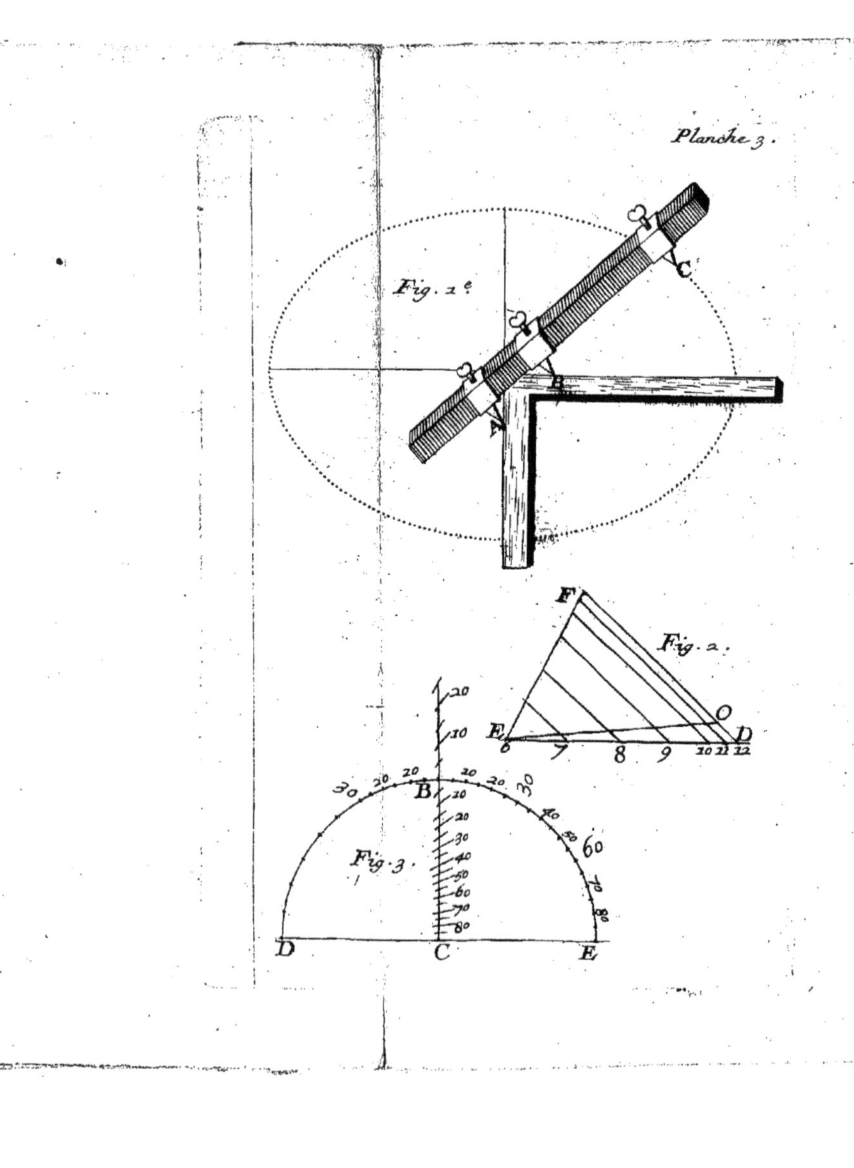

Planche 3.
Fig. 1.e
C
A
F
Fig. 2.
E
O
D
6 7 8 9 10 11 12
20
10
30 20 20 20 20 30
B
20
20
30
40
50
60
70
80
Fig. 3.
40 50
60
70
80
D
C
E

Planche 4.e
Astrolabe Universel de M.r de la Hire 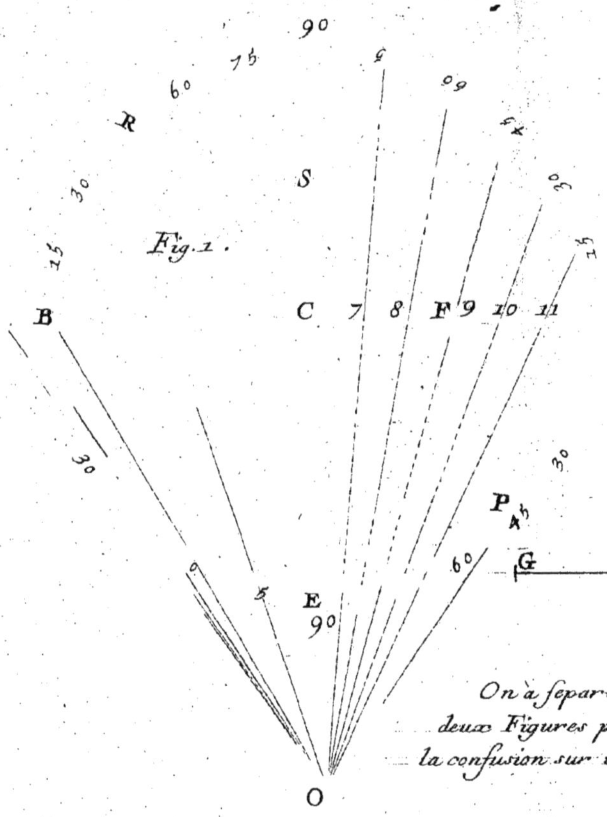
Fig. 1. 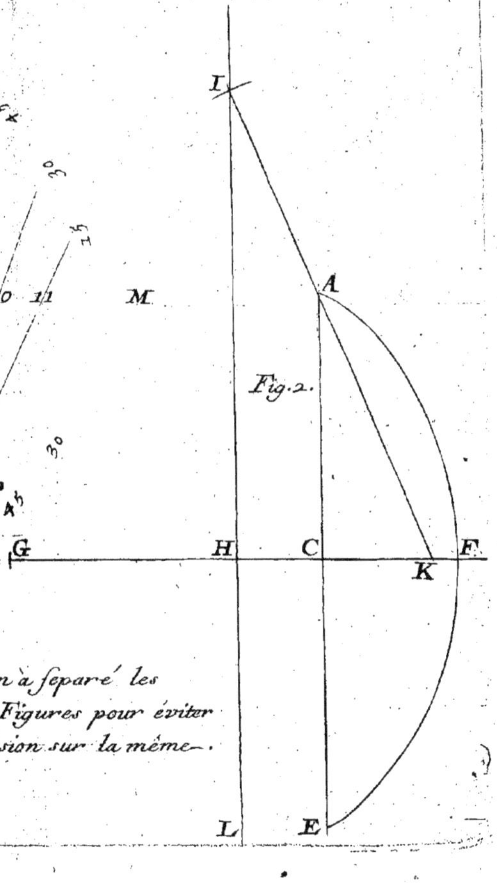
90
75
60
R
30
S
15
B
C 7 8 F 9 10 11 M
30
P
G
H C K F
E
90
30
60
15
5
O
Fig. 2.
I
A
L E
On a separé les
deux Figures pour éviter
la confusion sur la même.

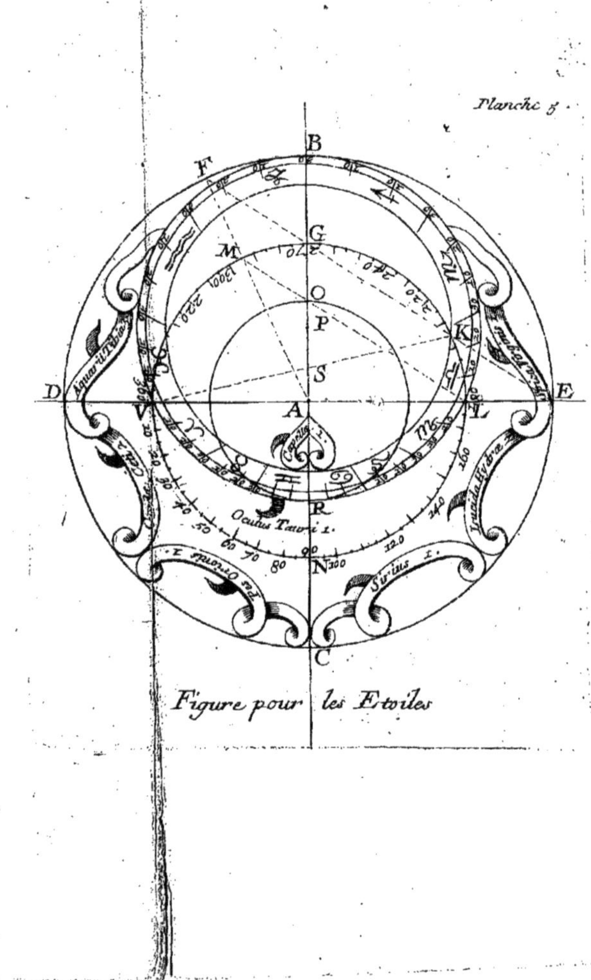

Figure pour les Etoiles

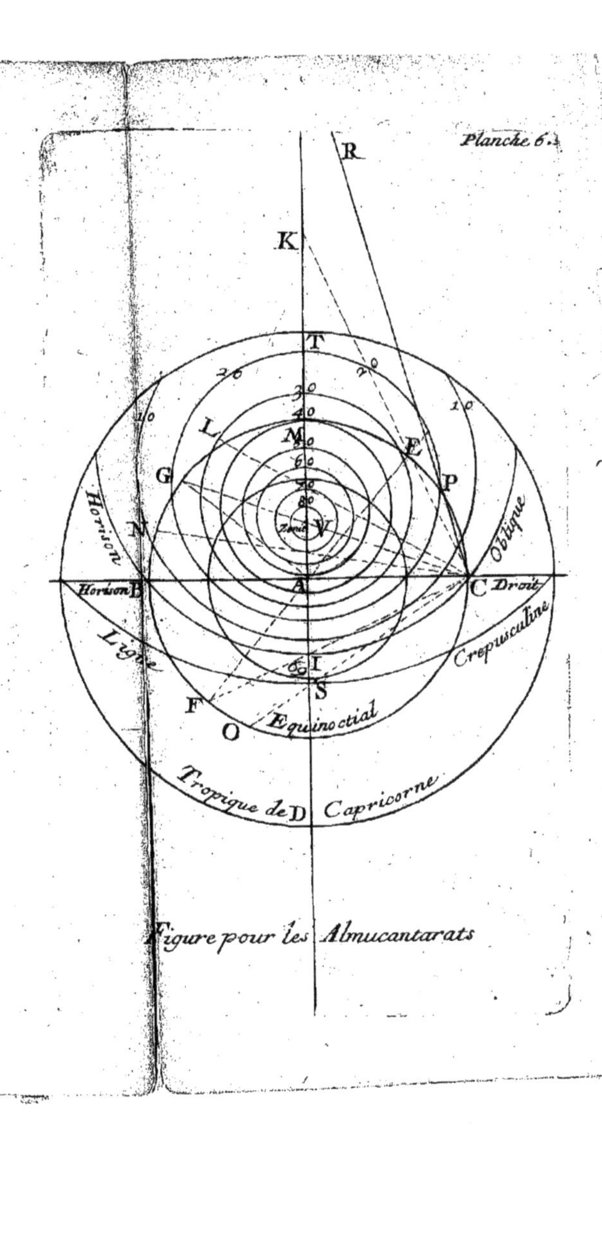

Figure pour les Almucantarats

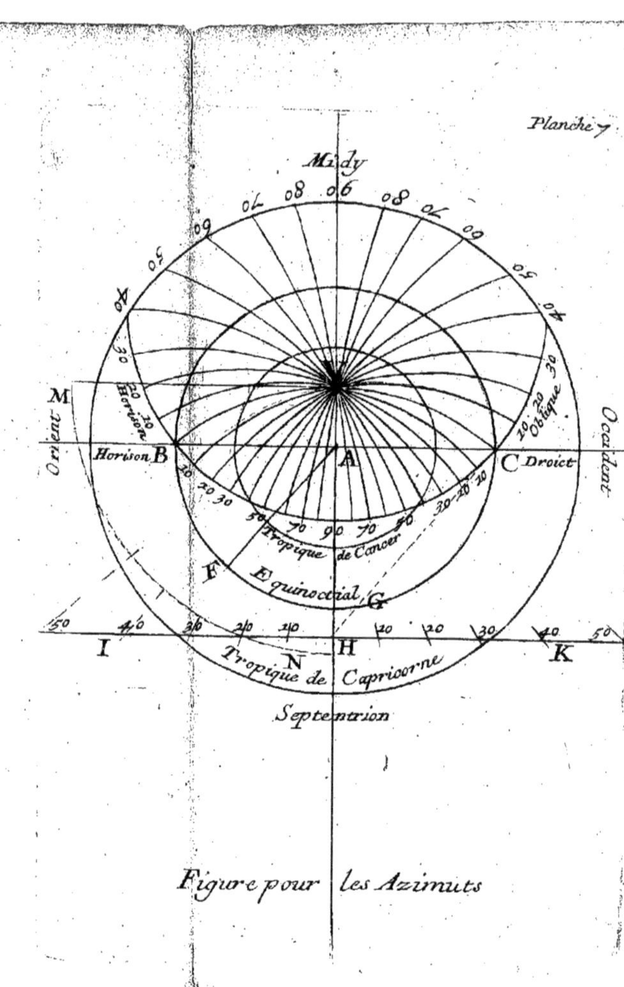

Figure pour les Azimuts

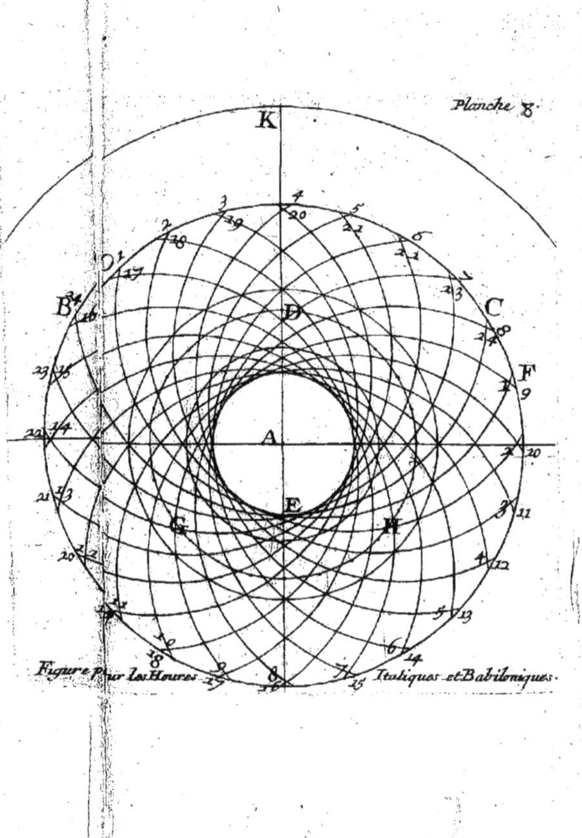

Planche 8.
K
A
B
C
D
E
F
G
H
O
Figure Pour les Heures Italiques et Babiloniques.

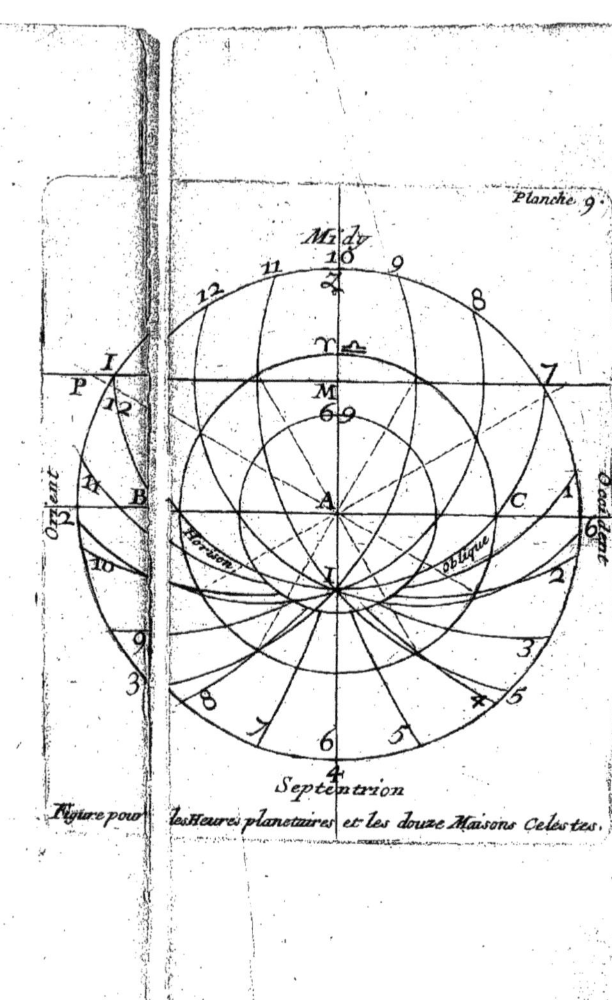

Figure pour les Heures planetaires et les douze Maisons Celestes.